U0791199

欧洲水质管理制度与实践手册

Chris Chubb(英)　Martin Griffiths(英)　Simon Spooner(英)　编著

黄河流域水资源保护局组织翻译

黄河水利出版社

·郑州·

图书在版编目（CIP）数据

欧洲水质管理制度与实践手册/（英）雅罗，（英）格里菲斯，（英）博文编著；黄河流域水资源保护局编译. —郑州：黄河水利出版社，2012.6
ISBN 978-7-5509-0301-2

Ⅰ.①欧… Ⅱ.①雅… ②格… ③博… ④黄… Ⅲ.①水质管理-欧洲-手册 Ⅳ.①X52-62

中国版本图书馆CIP数据核字（2012）第136948号

出版社：黄河水利出版社
地址：河南省郑州市顺河路黄委会综合楼14层　　邮政编码：450003
发行单位：黄河水利出版社
发行部电话：0371-66026940、66020550、66028024、66022620(传真）
E-mail:hhslcbs@126.com
承印单位：河南省瑞光印务股份有限公司
开本：880 mm×1 230 mm　1/16
印张：7.5
字数：223千字　　印数：1—1 000
版次：2012年6月第1版　　印次：2012年6月第1次印刷

定价：48.00元

翻　译：温慧娜　封克俭　宋瑞鹏　程　伟
校　核：董哲仁　宋世霞　张　晶　张爱静
审　核：连　煜

序 一

本书介绍了水资源监管的核心内容，根据这些内容，实现高标准水质管理、保护水资源、保护人类健康并最终确保人类发展与环境能力相平衡就不再是梦想。

强有力且量刑适当的立法为欧盟水框架指令在欧盟的实施打下了坚实的基础。所有的环境指令都是为了保护欧盟的环境并促进水质和环境质量方面的改善，欧盟成员国内已经通过了很多的法律法规来确保这些环境指令的有效实施。欧盟水框架指令的广泛内容在世界范围内都有应用价值，为了能够让这些水管理制度在中国得到应用，就需要改编这些制度使之适应现代化的需要，从而应对新兴经济体所带来的种种压力。

环境仍在发生着方方面面的变化，人口不断增长，城市化进程越来越快，所以水体立法涉及政策和实施的方方面面。水体规划是一项长期的事业，至少要向前规划20~30年。自然资源是有限的，所有不断变化的环境、社会和经济需求都需要自然资源作保障，为了继续满足这些需求，需要制定法律和规章制度来保护自然资源。

编写本书是为了与中国分享欧盟在水管理方面的经验。本书以一种简明的方式总结了水质监管的核心内容，并提供了大量在欧盟有效实施的监管资料。本书概括了欧盟的水质监管现状，对欧盟的实践者而言也将有很高的价值。

中国—欧盟流域管理项目推动了知识交流，最终完善了本书的内容。本书由中国—欧盟流域管理项目提供资金，该项目与黄河水利委员会合作，从而保证了书中内容涵盖与中国最密切相关的流域管理因素。书中汇集了该项目五年间双方共同开展的水体规划和监管的许多核心内容。本书是水安全策略性知识交流项目的一部分，由中国—欧盟流域管理项目与水利部发展研究中心合作承办。

我十分愿意向你们推荐此书，并相信这一举措会有助于中国和欧盟之间的水管理方面的长期合作发展和知识交流。

大使

欧盟驻华代表团团长

2012年6月

序 二

当前我国水资源面临的形势十分严峻，水资源短缺、水污染严重、水生态环境恶化等问题日益突出，已成为制约经济社会可持续发展的主要瓶颈。中央水利工作会议和关于加快水利改革发展的2011年中央一号文件，都强调建立和实行最严格的水资源管理制度，严格控制用水总量，全面提高用水效率，严格控制入河湖排污总量，促进水资源可持续利用和经济发展方式转变。在水环境治理目标方面，要求到2015年重要江河湖泊水功能区水质达标率提高到60%以上；到2020年重要江河湖泊水功能区水质达标率提高到80%以上，城镇供水水源地水质全面达标；到2030年主要污染物入河湖总量控制在水功能区纳污能力范围之内，水功能区水质达标率提高到95%以上。基于我国目前的水环境现状，为实现这样的总体目标，水环境保护和治理的任务相当艰巨。如何才能实现总体目标？在宏观战略高度上，需要不断加强法律法规建设，强化水环境执法监管力度，理顺管理体制和完善管理机制，提供高科技支撑，促进水资源的可持续利用。在国际合作方面，积极借鉴发达国家水环境保护的先进经验也是重要的战略举措。

近20年来，欧盟在水环境保护和污染控制方面取得了巨大的成就。按照《欧盟水框架指令》的要求，到2015年所有欧盟成员国的水生态环境质量都将达到“良好”的标准。2000年颁布的《欧盟水框架指令》是在国际上广泛享有声誉的一部法律，它是欧盟在审议整合许多分散的水资源法规的基础上制定的统一的水资源政策，为成员国提供了共同的目标、原则、定义和方法。在《欧盟水框架指令》指导下，欧盟及其成员国陆续制定了一系列水质监管法律、法规和制度，形成了较为完整的法律政策体系。呈现在读者面前的这本书，重点介绍了欧盟水质监管的关键制度和原则，阐述了对可能损害水环境活动的有效监管方法，以确保社会经济发展与环境容量的平衡。为便于读者对欧盟立法和执法的理解，该书还给出了英国等的若干监管案例，提高了该书的可读性。

我作为此书的第一名读者，有幸提前批阅全书，读后感慨良多。欧盟及其成员国水环境立法、执法在宏观上的完整性和科学性，微观上的逻辑严密性和操作性都堪称一流。对比之下，我国的水环境立法尽管在中央层面上有好的原则和框架，但是缺乏配套的细则和可操作的法规、规章和技术规范；在执法监管层面上执法乏力，监管不严，而且没有形成有效的相互制约和均衡的监管体制与机制；在科技研发方面尚不能全面地提供必要的监管工具和技术手段。因此，我们需要清醒地认识到与发达国家在这方面的差距，只有这样才能寻求改革和发展之路，励精图治，迎头赶上。

这本书虽然篇幅不长，可是内容浓缩，十分丰富。为方便阅读，我把读者可能关注的重点内容择要介绍，权为导读。

水质监管立法。在过去的40年间,欧洲环境法律主体不断扩大，近年已经达到较为成熟的程度。欧盟颁布了一系列法律、法规、指令和决议，对于各成员国具有完全约束力。欧盟在制定环境政策时考虑以下因素：可利用的科学理论和技术数据；不同地区的环境状况；采取行动或不采取行动的潜在利益和代价；经济社会的整体发展和地区间的平衡发展。各成员国为落实欧盟相关指令制定了“国家执行措施”，并将其纳入本国法律。欧盟委员会负责监督27个成员国超过200项法令的实施。为配合环境立法执法，建立了欧盟环境法执行与实施网络，构建了交流平台。这个网络还印发了各类手册，提供现场监管的详细技术和方法，如监管人员的检查清单、监察步骤与流程等。

监管原则。水质监管制度是在严格强制执行支持下的制度。所有监管活动坚持透明公开和公平、公正的原则。监管活动的总原则和层次等级是：预防污染优于应对污染；如不可预防，需将污染降低到最低程度；消除导致污染的因素；减轻污染造成的影响。

监管体制。以制衡、公正为原则，建立完善了水质监管体制。政府制定战略指导方针和诉讼程序；环境部门作为环境监管机构确定环境标准，颁发取水和排放许可证，评估企业的守法行为；水企业监管机构负责制定水价；饮用水监察机构制定水质标准并监管自来水水质；水消费委员会代表消费者利益；水务公司（私营或国营）负责饮用水供水和污水处理。这些机构代表了不同的利益相关方，依据相关法律制定各自的战略指导方针文件，这些文件需要通过公众质询，批准后通过网站对公众开放。

许可证制度。排放许可证制度是水质监管的核心，其发放和执行程序大致为：按照流域规划确定一定时间范围内的水质和水量；仅在可以满足水质标准时才允许废水排放；由排放申请人制订排放计划；监管部门将排放申请在网上公布，组织相关部门磋商并组织审查，确定是否签发许可证；被拒绝的申请人可以通过司法监察部门上诉；已经批准的排污者依据监管部门规定的监测计划对排放进行监测并向监管部门报告；监管部门评估排放是否遵守许可证条件并作记录；监管部门评估受纳水体质量是否符合预期水质类别和状况，如不符合，需评估偏离程度；对于不遵守许可证条件的排放者要查找原因，快速改善；根据不遵守许可证条件所造成的环境影响，监管部门可对排污者提请刑事或民事强制执行；监管部门定期向政府报告监管工作信息。另外，根据环境影响风险评估，有4类排放控制机制，即定制许可证、标准规则许可证、豁免登记和一般约束性规定，以便突出重点，分级管理。

强制执行和诉讼。违法和犯错必受处罚。强制执行是水质监管不可或缺的重要手段。在不同层次上强制执行包括：欧盟委员会对未按照指令实施或不遵守指令义务的行为，可通过欧盟法院对成员国提起违法控告。成员国议会可谴责本国监管部门执行力欠佳，受害方可对监管部门不遵守法定程序申请司法监察。监管部门对经营者、排污者采取多种执行措施，包括检察官的刑事指控，对有罪方的监禁和罚款。

水质突发事件预警和应急响应。由于工厂火灾、有毒化学品运输泄漏或尾矿坝溃坝造成的水质突发事件，需由政府快速做出响应，其关键步骤包括：风险评估预防；通过监测查明事件及事故分类；通过模型模拟污染物迁移转化过程并制订响应计划；信息共享和相关方共同行动；现场采取措施；事后评估和总结。

监管技术工具。水质模型是许可证制度的重要技术支撑，通过水质模型反映环境参数的变化，计算水样符合水质标准以及满足水质标准的排放许可限值。模型还用来预测环境影响和评估立法及监管成效。近年来，欧盟开发了若干考虑单一排放与河水混合、间歇性暴雨排水等多种因素的水质模型，同时开发了应用交互式浏览器显示的水环境状况、化学品监测和污水处理厂排放信息的欧洲专题地图，对公众开放并实施社会监督。

读者可以从书中找到以上要点的详细内容，该书还罗列出一批相关网址信息，便于扩展阅读，了解专门性问题。

综上所述，这本书的出版为我国管理人员、科技人员分享欧盟在水质监管方面的先进经验提供了一个有益的交流平台，对我国水环境保护事业将大有裨益。作为中国—欧盟流域管理项目高级顾问组主席，我十分赞赏此书的三位作者做出的巨大努力，他们都是欧盟水战略和水管理的著名专家，为中欧合作项目作出了重要贡献。

最后，我衷心祝贺此书的出版，衷心祝贺中国与欧盟在水资源领域合作的成功。

全球水伙伴(GWP)中国委员会常务副主席

2012年6月

前 言

水是人类生活中不可或缺的基本元素，是一种稀缺珍贵的自然资源。中国有句众所周知的名言，“水是生命之源、生产之要、生态之基”。《欧盟水框架指令》致力于在欧洲实现可持续的水管理目标。中国和欧洲有着相似的目标。中国2011年中央一号文件中指出，将加快水利改革和发展，通过现代化的管理体系保障未来十年的水安全。

人类活动威胁着水的可持续利用，同时由于气候变化和人口增长的影响，水资源遭受着巨大的压力。威胁水资源可持续利用的活动必须得到有力控制，以有效确保人类用水安全和对水环境的保护。

水资源规划是一个长期的过程，规划范围一般为20～30年。合理的水资源规划依赖于诸多致力于实现目标的机制。它需要获得有据可依的优质信息，这些信息来自于对排放和受纳水体的监测和模型数据。监管依赖于行之有效的许可、检查、执行和报告，结合其他包括污染预防在内的监管工具可达到最佳的社会和环境效果。水战略及其在各个层面的实施情况对监管成功与否至关重要。

关于水监管方面的问题，“规划—实施—审核—评估”这一循环过程成效显著，是取得成功的基本要素。该循环明确了各方责任，促进了信息交流，通过透明的工作程序建立起信任关系，有助于使水监管成为各行各业整体性的问题和责任。

本手册的目的在于介绍水质监管的关键制度和原则，以实现高标准的水质管理，保护水资源、人类健康及环境，确保人类发展与环境容量之间的平衡。

本手册着重介绍欧洲国家根据《欧盟水框架指令》和其他相关指令所采用的监管制度及原则，以对可能造成水质水量（统称水资源）不良影响的活动进行有效控制。本手册详细介绍了监管制度的几个重要方面，主要以英国的做法为例进行说明。

本手册力求以简单易懂的方式对水质监管制度的要素进行归纳和总结，提供了大量可利用的技术信息，还可通过提供的网址或超链接下载附件中的文件来获取更多技术细节。

本手册是中国—欧盟流域管理项目知识交流的一部分，为中国提供了欧洲水管理制度方面的经验。水管理的基本原则在全球范围内是通用的，由于水管理在新兴经济的压力下日益精细化、现代化，因此这些监管方法在中国将大有用武之地。

工业、商业和社会发展活动向河道排污，造成河道污染并减少可用水量，引起生态系统退化，降低了其维护健康社会的能力。本手册提供了一些优化人类和环境用水所需的监管工具和操作方法。

目 录

1.报告背景与目标

本手册的目的在于介绍为实现高标准的水质管理和保护水资源、人类健康及环境而采取的关键制度和原则。

本手册着重介绍欧洲国家根据《欧盟水框架指令》和其他相关指令所采用的监管制度。本手册详细介绍了监管制度的几个重要方面，主要以英国的做法为例进行说明。

本手册由中国—欧盟流域管理项目组编制，是中国与欧洲之间正在进行的流域管理对话与知识转让的一部分。

本手册是中国—欧盟流域管理项目的系列出版物之一。本手册的主要相关文献如下：

- 《欧盟水框架指令手册：流域管理的关键原则总结》（2008）
- 《欧盟地下水指令手册》（2009）
- 《欧登塞河流域试点——流域管理规划实践》（2010）
- 《欧洲河流鱼类洄游通道恢复指南》（2010）
- 《欧盟洪水指令手册》（2011）
- 《欧洲生态和生物监测方法及黄河实践》（2012）

对可能造成污染的活动进行监管并签发许可证是基本管理手段之一，是《欧盟水框架指令》和其他欧盟法律文件和指令的基础。每个欧盟成员国都应执行上述管理体系以保持人类发展与环境容量之间的平衡。

本手册的目的在于对欧盟所采用的方法进行概括，以对可能造成的水质水量（统称水资源）退化或危害的活动进行有效监管。在本报告中，术语“水资源”是指水质和水量的结合，两者中的一个或两者在特定情况下具有限定意义。

这些活动包括大气污染物排放，也包括不直接向水中排放污染物但改变或干扰了雨水向海洋的自然排放的土地活动。为了提高监管效率，并在一个通用框架内涵盖尽可能多的环境风险，为所有环境许可证制度建立一个通用模式是必要的。

本报告主要侧重于介绍对直接排入受纳地表水（河流、湖泊、河口和沿海水域）或地下水的各种排放活动的监管措施。

需要认识到，环境监管的最主要目标是某种形式的生物反应，这种生物反应可避免造成对人类、生态系统本身以及我们赖以生存的生态系统过程的伤害。水生生物复杂多变且难于测定。对于大多数“常规”环境监管，我们采用简便易懂的物理化学参数和措施，这些因素和措施通过试验和观察与生物反应联系在一起。因此，人们常用化学排放物的浓度或总量来表示那些致力于保护生物的水质标准和排放许可，因为这些要素是可测量的。判断水质标准和排放许可是否成功仍然是靠生物监测和生态系统监视。获得健康的生物群落是改进和实施第2章介绍的水质监管循环的基本动力。

所有人类活动都将水、土地和空气作为基础资源。如果我们想要获得可持续发展，就必须保护这些资源并做好管理工作。

对威胁资源可持续使用的活动进行有效监管是十分必要的。

本手册介绍了有关欧盟环境管理方法的原则、定义这些原则的法律框架及用于保护和提高水质的法律工具与技术工具。手册着重介绍了欧洲人运用法定许可证来控制人类活动的观念。本手册解释说明了计算许可证条件的技术方法，以及评估与保护守法者、处罚违规者的方法。

本手册主要面对中高级管理人员和从事流域规划与水资源保护的科学工作者，以及影响政策制定及实施的高层人员。本手册还提供了深入的技术信息和参考资料，以使得这些信息和资料可直接用于开发、制定并实施监管制度和许可证制度，对水质进行有效管理。

本手册力求以简单易懂的方式对水质监管制度的要素进行归纳总结，提供了大量可利用的技术信息，还可通过提供的网址或超链接下载附录中的文件来获取更多技术细节。

2.水质监管循环——等级

水污染监管的原则和行动具有一个基本层次结构或等级结构：

- 与其被动应对污染，不如预防污染的产生。
- 如果已不可预防，可能并可行的话，将污染程度降至最低。
- 如果可能并可行，消除导致污染的因素。
- 减轻污染造成的影响。

预防始终重于补救，而且从长远来看成本更低。对于一些活动，例如那些向环境排放污染物的活动，有必要通过发放许可证、监测和强制执行对其进行有效监管。本章重点讨论这些污染活动以及管理机构需要的证据，在不必增加成本和风险的情况下对这些活动进行监管，确保实现水质水量目标，保障社会利益。

但是，始终需要注意的是，对于开发者和经营者来说，最大程度地降低对环境的影响更有效的做法是制订良好的规划和设计，减少对点源或面源排放的需求或风险。此外，还应对所有施工和经营过程进行持续性管理。在规划过程中，尽早考虑到开发所涉及的所有水资源是十分重要的。在很多情况下，在规划过程的早期对策略的一个小小的改变就会避免以后水资源污染的风险。如果在开发活动的规划阶段已确定环境危害的风险，就更有可能采取经济有效的风险转移措施，使得对残余风险的管理更为容易。

尽管如此，对于本地污染物排放和面源污染的有效监管是十分必要的。这种监管最好是基于污染原因和后果的全面科学的统计数据，但人们很难轻易获得一个特定区域中复杂环境变量的全面的长期数据集。对于那些预期的排放，经常会采用经验模型法来建立排放特征，如果符合，则将保证河流或湖泊健康状况没有恶化；或者，如果计划采取某种改善措施来达到目标等级，排放量也将成比例地发生变化。

意外或蓄意的污染物排放事件也时有发生，同时可能造成重大影响并引起污染事故。对“意外”污染采取强制行动是必要的，也是监管活动的一个重要方面，其中可能涉及刑事制裁或民事制裁。有关这方面的论述见第25章和第26章。

对于常规污染物，《欧盟水框架指令》制定了质量标准，其数值可根据受纳水体的质量状态而有所不同。这些标准中的大部分来源于长期数据集和全面的统计数据，根据专家的科学意见进行调整，由所有成员国共同制定。这些标准通常用总结统计的浓度极限值来表示，例如年平均值或95%概率的浓度值，但也会规定总量（负荷）的限值。

这些水质标准是确定排放许可证的依据，如果受纳水体符合标准，在排入的废水初步混合以后，受纳水体生态状况恶化的可能性较低。

《欧盟水框架指令》在第十条采用组合方法对排放进行监管，使用多种管理方法，通过设定排放极限值和环境质量标准从源头来控制污染。这些方法可包括但不完全局限于以下措施：

- 防止在工业生产过程中产生污染；
- 禁止特定污染物进入水体；
- 预先批准；
- 依据一般约束性条例进行登记；
- 制定特定污染物的排放控制措施；
- 制定环境质量标准，通过许可证限制和其他监管行动确保达标。

一些行业需遵守《综合污染防治指令》和近期的《工业排放指

令》，这些指令都要求使用最佳可行技术（BAT）。BAT对排放限值的要求可能会比受纳水体水质标准要求的排放限值更为严格。但是，如果使用BAT不能获得要求的水质，则必须实行更为严格的排放限值以确保受纳水体符合水质标准。

因此，与受纳水体流量和受纳水体上游排放的特定污染物浓度相比较，以受纳水体水质为基础的许可证排放限值是根据这些污染物的排放体积和浓度（负荷）确定的。许可证将明确排放体积和浓度的统计值，如果排放者符合许可证要求，则可以确保受纳水体在排放混合区下游的状况不恶化。

许可证计算使用统计学上的质量平衡确定法，相对简单易懂。对于监管机构来说，更大的挑战在于要花费大量精力确保许可证制度的实施。如果许可证制度没有得到严格的执行，那么许可证的持有者（排污者）就会从非法或损害公共利益的行为中获益，给各方面造成损害。欧盟主张污染者付费原则，各成员国都拥有不同的机制来确保排污者在监管机构监督下为许可证付费或为许可证合理行为付费。大多数监管机构都要求排污者对排放进行监测并向监管机构报告监测数据，这就使得监管机构可以对经营者的表现进行评估，而不必再去对排放进行常规性的主动监测。将主要重心置于管理体系和质量控制中，这就可以确保人们难以弄虚作假而不被察觉。

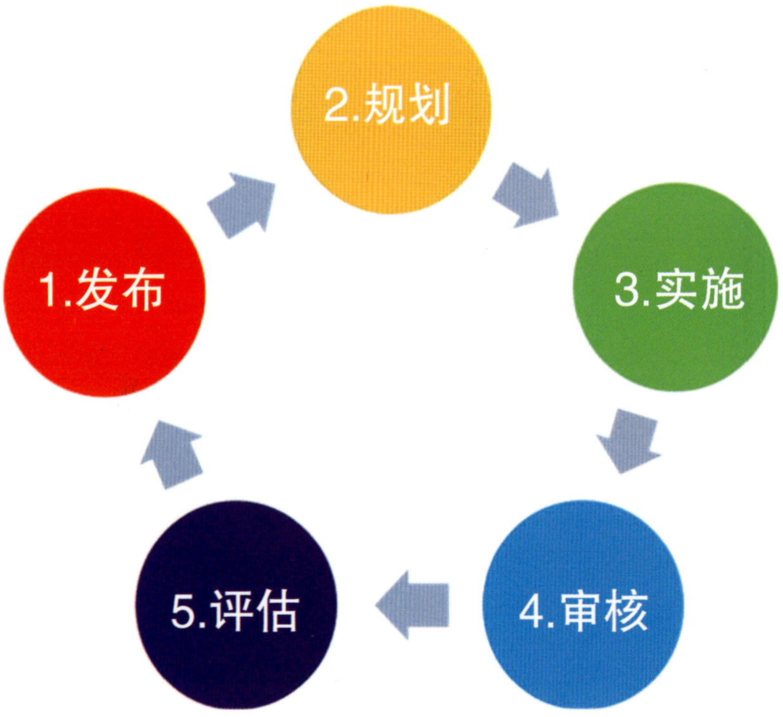

图2.1　基本规划或问题处理循环

如果经营者未能遵守许可证要求，监管机构有权力进行干预并强制执行补救措施，或者在极端情况下停止其活动。这种权力可以延伸到对责任人追究刑事责任。

一个概念性的基础规划循环或流程普遍适用于管理体系的各个等级——欧盟、成员国、管理机构、部门、公司、管理人员和雇员。这种循环是成功解决问题的基本流程，也是流域管理的核心。这种循环有多种表述方式，简单来说，它包括五个部分：

- 确定问题及其范围、决议职责和可利用资源；
- 规划行动方案以及衡量成功程度；
- 实施制订好的行动方案；
- 确定已按计划实施每一步行动且已收集到数据；
- 根据成功标准对所有问题进行审核，看是否已经得到圆满解决，如果没有，则开始又一轮工作循环。

图2.1为基本规划或问题处理循环。

本章中假定对监管活动和提出的问题都将按照本规划循环进行管理。本章中还假定，规划阶段规定了将要在实施和审核阶段收集的数据和信息，这些数据和信息收集后用于评估阶段。需要注意的是，评估还必须包括未计划或未预期的变化，因此在规划阶段中列出全部评估范围是不可能的。

3.欧盟水体保护与管理综述

地球表面70%被海洋所覆盖，我们呼吸的氧气中有3/4是由海洋产生的。然而在这广阔的水域中，我们能够直接利用的水只有1%，但各种形式的人类活动使水资源处于相当大的压力之下。被污染的水，不论其污染源是什么，最终会流回我们的自然环境——流入海洋或地下水。无论是在流动过程中还是已流入其终点的污水都会对人类健康和环境造成损害。

可通过以下链接访问欧洲水管理相关网站并获取水管理各方面的总体信息。

欧盟网站上有关水的页面链接列举如下：

- 总体框架
  - 水体保护与管理（水框架指令）
  - 水的定价与长期管理
  - 洪水管理与评估
  - 欧盟的水荒与干旱
  - 城市废水处理

- 水的特定用途
  - 饮用水质量
  - 洗浴用水质量（至2014年）
  - 洗浴用水质量（2014年以后）
  - 渔业养殖用水质量
  - 适合于贝类生存的水体质量

- 海洋污染
  - 海洋环境战略
  - 海洋安全：油污损害的补偿基金
  - 海洋安全：防止船舶污染
  - 船舶污染与刑事处罚
  - 海洋安全：禁止在船舶中使用有机锡化合物
  - 海洋安全：燃料公约

- 区域水体
  - 欧盟多瑙河战略
  - 波罗的海战略
  - 地中海环境战略
  - 加强地中海海运管理的战略
  - 对黑海的协同管理
  - 多瑙河—黑海地区
  - 区域性公约
    - 保护地中海的巴塞罗那公约
    - 保护波罗的海的赫尔辛基公约
    - 赫尔辛基公约：跨国界河道与国际湖泊
    - 保护莱茵河的公约
    - 奥斯陆—巴黎（OSPAR）公约

- 物质排放
  - 工业排放
  - 综合污染防治（IPPC 指令）
  - 适用于地表水的环境质量标准
  - 保护地下水免受污染
  - 洗涤剂
  - 消除或减少持久性有机污染物（POPs）的持续生产、使用与排放
  - 农业源硝酸盐造成的污染
  - 特定行业汞排放的最大浓度
  - 有关汞的共同体战略
  - 保护水生环境免受危险物质排放的污染
  - 其他物质：地下水保护

- 水运
  - 水上交通

水框架指令是这个领域中最重要的法律法规之一，后面章节中对其进行详细介绍。

4.欧盟监管原则综述

欧盟成立于第二次世界大战之后，目的是促进成员国之间的贸易往来，增强彼此的相互依存关系，减少冲突。成员国之间越来越紧密的依存关系和共同市场的运转使得环境与自然资源显得至关重要，因此不仅欧盟而且各成员国都要对环境与自然资源进行保护。

本部分摘录引用了《欧洲联盟条约》与欧盟委员会文件中的部分内容，所有摘录内容都公布在网站上。所引用内容的原始页面见各节。

4.1 什么是欧盟法律?

欧盟法律网主页为：

http://ec.europa.eu/eu_law/introduction/welcome_en.htm

欧盟的主要目标在于加强成员国经济与政治体系的联合，在人员、货物、货币和服务自由流通的基础上建立一个统一的市场。

为此，各成员国将其部分国家权力让步于《欧盟运行条约》（TFEU），此条约赋予欧盟组织批准各项法律的权力。

这些法律（法规、指令和决议）优先于国家法律并由国家当局监督执行。欧盟还颁布了一些非约束性文件，例如，指导欧盟组织机构和项目组如何开展工作的意见、建议和规定等文件。

4.2 欧盟主要环保原则

在《欧洲联盟条约》中列出的主要环保原则适用于所有成员国、欧盟理事会和欧盟委员会，下面摘录其中一部分内容。

《欧洲联盟条约》所在的网址为：

http://eurlex.europa.eu/LexUriServ/LexUriServ.do?uri=OJ:C:2006:321E:0001:0331:EN:PDF

全文见附件3 —— EC Treaty.pdf。

《欧洲联盟条约》摘录——环境　第174条

1. 共同体的环境政策应有助于实现下述目标：

——维护、保护和改善环境质量；

——保护人类健康；

——慎重而合理地利用自然资源；

——提出处理区域性或世界性环境问题的国际性措施。

2. 共同体的环境政策应在考虑共同体不同地区状况差异的前提下，致力于高水平的保护。环境政策所依据的原则是预防原则。根据此原则，应采取预防行动，环境的破坏应首先从源头上得到纠正，应实行污染者付费。

3. 在此背景下，满足环境保护要求的协调措施应在适当的情况下包括一项保障条款，允许成员国根据共同体监督程序为非经济的环境原因采取临时措施。

在制定环境政策时，共同体应考虑：

——可利用的科学和技术数据；

——共同体不同地区的环境状况；

——采取行动或不采取行动的潜在利益和代价；

——共同体的整体经济和社会发展以及各个地区的平衡发展。

4. 在各自的职权范围内，共同体和成员国应同第三国或相关国际组织合作。共同体的合作协议可以是共同体同有关的第三方依据第300条进行谈判和缔结的协议的主题。

4.3 什么是欧盟法规?

欧盟法规是欧盟法律一经通过后的最直接表现形式。欧盟法规在各个成员国具有法律效力，与其国家法律具有同等效力。成员国政府不必自己采取行动来执行欧盟法规。

欧盟法规不同于欧盟指令，国家政府引入欧盟指令时，必须采取措施将其列为国家法律和决议的一部分，此处的决议仅应用于某些特定情况，包括特殊权力机构或个人。

法规可以由欧盟理事会和欧盟议会共同通过，也可以只由欧盟委员会通过。

http://ec.europa.eu/eu_law/introduction/what_regulation_en.htm

Europa网站提供了有关欧盟立法的简要信息，而且列出了欧盟立法和项目更多细节的相关链接。

http://europa.eu/legislation_summaries/index_en.htm

4.4 什么是欧盟指令?

欧盟指令规定了每个成员国必须达到的最终要求。各国主管当局（政府）需要调整其国家法律以达到这些要求，但可以自由决定如何采取行动。指令可适用于一个或多个成员国，也可适用于所有成员国。

每个指令都规定了国家调整其法律的调整期限——考虑到不同国情，给各国在最后期限前进行调整留出时间。

指令使不同的国家法律取得一致，尤其是在影响到市场统一运行方面达到一致。

http://ec.europa.eu/eu_law/introduction/what_directive_en.htm

4.5 什么是欧盟决议?

决议是关于一些特定情况的欧盟法律。它们可由欧盟理事会（有时与欧盟议会共同制定）或欧盟委员会制定。

决议可以要求成员国的机构和个人采取某项行动或停止采取某项行动，也可以授予他们权力。

欧盟决议是：

- 适用于特定团体（与法规不同）；
- 具有完全约束力。

http://ec.europa.eu/eu_law/introduction/what_decision_en.htm

4.6 什么是国家执行措施?

国家执行措施是成员国当局为将指令条款纳入国家法律而正式通过的文件。所有这些文件由国家当局递交给欧盟委员会进行详细审查，以确保这些措施在成员国中确实按指令要求得到实施。

http://ec.europa.eu/eu_law/directives/directives_en.htm

4.7 共同体环境立法的实施

本节基于以下欧盟网页上的信息：

http://ec.europa.eu/environment/legal/implementation_en.htm

此网页上的链接包括：立法、实施（包括欧盟委员会强制执行和欧盟判例法）、义务、环境犯罪行为（包括立法和研究）以及奥尔胡期协议（对公众开放信息并允许公众参与决策）。以下各节包括一些上述网页的摘录并包含更多嵌入的网页链接。在过去30年中，欧盟已经采取了实质性的不同范围的环保措施以提高欧洲市民的环境质量，并为他们提供高品质的生活。只有各成员国严格执行签署的法规，环境才能得到很好的保护。

共同体环境立法的实施是成员国要首先保证实现的。

除国家层次上的执法行动外，欧盟委员会充当“条约监督者”的角色：根据《欧洲联盟条约》的第211条，欧盟委员会要确保条约中的条款与各机构应该实施的措施得到执行。在监管过程中，欧盟委员会对成员国对欧盟法规的执行情况进行审查，如果发现执行不力的情况，则启动“违规程序”（Infringement Procedures）。

4.8 欧洲法律——法官

除了行政管理机构，由于国家法院和法庭每日都要执行由共同体法律规定的权利和义务，成员国的法官的作用也非常重要。“欧盟法官环境论坛”（European Union Forum of Judges for the Environment）通过环境法法官的法律知识来推动国家、欧盟和国际性环境法律的实施。

为了使侧重于“污染者付费”原则的共同体环境法规得到贯彻与实施，共同体已经采用了有关环境责任（Environmental Liability）的指令，规定了环境检查最低标准的建议，以及有关通过刑法保护环境（The Protection of the Environment Through Criminal Law）的指令。

无论采用何种方法，欧盟委员会的总体目标是保证欧盟环境法规能够得到完全、正确而及时的执行。这一点非常重要，这是因为如果不执行或不正确地执行欧盟法规将不能取得预想的环境效果。

http://ec.europa.eu/environment/legal/implementation_en.htm

4.9 欧洲法律——执法

依据《欧洲联盟条约》第17条第（1）款，欧盟委员会的责任在于保证《欧洲联盟条约》和《欧盟运行条约》以及根据这两个条约制订的措施能够得到正确使用。因此，欧盟委员会常常被看做是“条约监督者”。欧盟委员会需要监督27个成员国的超过200例法令，这是环境领域中的一项主要任务。

这些法定措施涵盖了所有环境部门，包括水、空气、自然、废弃物、噪声与化学品管理部门，以及其他处理跨领域环境问题的部门，例如环境影响评价、环境信息获取、环境决策中的公众参与和环境损害赔偿等部门。在过去的40年中，构成欧洲现行环境法律法规的法律主体不断扩大，近年来已经达到成熟的状态。尽管如此，由于化学品、废弃物、空气和水等管理部门的巨大发展，该法律主体不断经受来自各方面的考验。

欧盟委员会采取《欧共体环境法律实施情况通讯》（Communication on Implementing European Community Environmental Law）提出的计划来加强欧盟环境保护法律的实施。这与2007年公布的通讯《应用共同体法律形成整体化的欧洲》（A Europe of Results – Applying Community Law of 2007）中提出的更宽泛的欧盟委员会策略是相适应的。

5.欧洲监管循环概要

欧洲国家的法律需要具有足够的重要性才能被欧盟议会、欧盟理事会和欧盟委员会所承认并将其作为共同体行动，之后才有可能被纳入欧洲法律。然后欧盟委员会会拟订一份通讯草案或指令草案并与成员国的相关团体进行磋商。

欧盟议会委员会（最终则是欧盟议会）对提议草案进行讨论与修改。欧盟议会通过指令的最终文本后，由欧盟委员会在公报上发布。然后，欧盟委员会监督成员国将指令转换为国家法律，对它的完整性和及时性进行审查。（如果指令转换不完全或迟于欧盟委员会规定的期限，则在欧洲法院对成员国提出法律诉讼，对其处以高额罚金，直至指令得到正确转换）

每个成员国都有自己的立法制度和行政体系。对于一个特定的指令，将指令义务从国家政府部门传达至基层的具体责任等级结构因成员国不同而各有不同。一般而言，国家政府负责处理宏观的经济和政策问题，将国家转换的指令义务传达给下一级政府，如主管部门或当地政府。法律机制是由“行政”法律和“刑事”法律构成的。虽然有点意外但也合情合理的是，对于那些成员国所采用的、用来履行其环境指令义务的制度体系与交付体系，欧盟委员会并没有公布其具体细节，因为这可能会被认为是对国家自治的干预。在任何情况下，对转换法律负有最终责任的都是国家政府。

在转换中，成员国政府发布一个适当的法律文件（如法令、政令、规章等），确认执行指令规定义务的主管部门（如政府部门或指定的监管机构）。国家政府也为主管部门、监管机构和有关企业等提供高层指导，如水质要求与递交时限。

监管机构为企业和包括非政府组织在内的利益相关者等相关方提供详细的指导；监管机构还为指令所针对的如经营者和排放者等组织团体提供申请表以便其申请许可证。不同成员国的许可证核准程序不同。在英国，所有的许可证核准程序与守法程序实际上是在公众主导下完成的（国家安全和商业机密除外）。监管机构可对许可证申请和许可证基本运作进行收费。

然后，经营者或排放者向监管机构申请许可证。监管机构对申请进行考查，与利益相关方进行商议，最后对申请做出决定。监管机构通常会根据指令中规定的义务来设定许可证条件，但如果申请所涉及的活动对受纳水体具有不可接受的污染风险，则此申请可能会遭到拒绝。申请人可以接受审核结果，也可以向政府指定的审理机构上诉，所述审理机构对双方均具有约束力。

如果许可证获得通过，监管机构则制订一份审查计划，经营者或排放者依据许可证要求对活动或排放进行监测，并向监管机构报告监测数据。监管机构评估经营者/排放者对法规的遵守程度，在发现违规行为或不良表现时采取适当的强制措施。

监管机构对数据进行整理和归纳，并上报给国家政府，国家政府再将成员国数据集报告给欧洲环境局（EEA）。监管机构也可以向公众公布数据和信息摘要使公众了解经营者的行为表现。

EEA对成员国提交的申请进行整理并报告给欧盟委员会。然后，欧盟委员会向欧盟议会和理事会提交一份法规实施结果报告，并提出进一步监管建议等。欧盟议会和理事会对报告信息进行考查，并就将要采取的行动对欧盟委员会发出指示，包括开始另一轮监管循环来更新要求。

6.欧盟层面的环境法规执行与实施

国家政府与欧盟委员会之间的紧密合作有利于更好地执行法规。

欧盟环境法执行与实施网络（IMPEL）（European Union Network for the Implementation and Enforcement of Environmental Law）是一个由欧盟成员国、候选国以及挪威的环保机构组成的网络。它为政策制定者、环境监察人员和执法官员提供了一个用于交流的框架，促进执行体制的发展，达到最佳实践效果。

IMPEL 已经出版了两本非常有用的关于环境监管的书籍，是水排放监察人员的主要参考资料，即《环境监察工具书》（附件 3——1999-02-refbook-FINAL-REPORT）和环境监察渐进式指南《做正确的事2》（附件 3——2007 step-by-step-guidance-book-FINAL-REPORT）

这两本书侧重于现场监管，主要针对那些排放物受《综合污染预防与控制指令》及相关指令监管的行业。它们提供了一种更注重区域性的方法，这种方法对于流域规划达到预期结果有补充和支持的作用。这两本书的结构是先提供高层面的监管原则和政策，并对此进行讨论，然后按章节提供更为详细的方法和技术。虽然水不是全书的重点，但书中提供了一种将原理与实践完善地融合在一起的方法，用于对那些影响水体的许可证进行监察和执法。

《环境监察工具书》（1999）的主要内容归纳如下：

它针对中高级管理人员和现场监察人员。中高级管理人员可以在书中找到关于行政和监察框架以及欧盟成员国监察人员组织机构方面的有用信息。该书为现场监察人员提供了一种监察工作的渐进式实践方法。该方法以所有欧盟成员国的实例为基础。

《环境监察工具书》的第三部分可能是与监察人员工作最紧密相关的部分。全书的作用在于：

——帮助中高级管理人员改进人力资源管理和财务规划，提供最先进的监察人员管理技术和对欧盟范围内监察人员管理进行介绍，以此巩固监察人员的组织体系。

——对监察人员的表现进行评价，由主管部门对审查员的守法行为进行评估，评估内容包括绩效评价。

下面摘录了IMPEL工具书的一些重要内容，以便深入了解现场审查和许可证监察行动。

以下摘选自欧盟环境法执行与实施网络（IMPEL）《环境监察工具书》第8.6节检查清单。

监察规划 A：监察人员的检查清单

你是否检查了所有设备的档案资料？

- 如果做到了，请检查以下各项：

○ 设备许可证和申请程序细节，包括经营者自我监测程序和《环境管理审核规则》（EMAS）等，以及经营者向主管机构提交的报告

○ 关于BATNEEC / IPPC等的最新信息

○ 对于设备极为重要的新规定

○ 设备的技术图纸

○ 设备分布地图

○ 对近期有改动的设备的最新工艺、增加、修改等的说明（由于这些改动，应对许可证进行更新）

○ 设备的工艺流程图

○ 上一次监察的报告、信件、通知等

○ 对设备下发的通知（依据现场调查获得的特征数据（已公开的以及未公开的））

○ 对于调查结果很重要的季节影响

○ 基本环境情况

○ 过去发生的事故

○ 过去的违法行为

○ 上一次监察未调查完全和批准的设备运行方面的问题

○ 环境事故的通知

○ 研究报告或环境报告

你与其他监察人员（非环境方面）合作了吗？

- 如果做到了，那么请：

○ 确定监察是否具有一种综合的或单一的媒介特征

○ 与地方或当地官员（服务于政府部门）联络，找出其管辖范围内近期拟检查的设备，并要求这些官员提供一份设备清单

○ 将这些清单发送给委员会的官员（例如，水质委员会），找出具有合格许可证的设备

○ 确定是否将由更多审查员在临时通知期限内对一些设备进行检查。制订现场检查计划

○ 与负责环境事务的警务人员和检察官联络，了解公众的投诉、过去的起诉、判决、报告等

○ 与上面提到的监察人员举行会议

○ 为了收集确凿的法定证据（如有必要），同时还要对当事人进行询问，请勿单独行动（以防严重事件发生）

选择现场调查所需的监察工具：

○ 检查清单（现场检查具体项目或分厂具体检查项目）

○ 将要下发的信息，例如，关于监察局和环境部的信息

- 有关监察项目规定的信息
- 背景资料（其他监察人员或检查油罐公司的地址等）
- 手提电脑
- 咨询表
- 设备许可证和申请程序细节
- 建筑物和工厂的技术图纸
- 流程图
- 上一次监察的报告、信件等
- 下发给工厂的通知
- 对土壤、空气排放和噪声排放取样的设备等
- 身份证
- 授权证
- 移动电话（在某些地方可能不允许携带移动电话）
- 照相机
- 个人防护装备
- 安全眼镜
- 安全鞋/靴
- 专用工作服
- 安全手套
- 安全帽
- 防护服
- 防护耳罩
- 面罩

监察规划 B：监察局的检查清单

你对所有的工业活动有总的了解吗？

- 如果做到了，收集以下方面的信息进行汇编：

○ 工业和商业办公室的登记表

○ 商业电话黄页

○ 当地政府、商业组织和环境机构的文件资料

○ 驾车穿过街区，对街区情况做记录

是否已核实信息的正确性？

- 如果做到了，注明最后更新日期，采用以下列出的方法：

○ 位置调查（驱车走访所有登记的企业）

○ 查看（要确实进入到设备厂房内）所有设备，将工业活动与登记数据做对比

○ 下发一封该设备的信件，要在信中对正在进行的工业活动或详细资料的更新做综述

是否需要更新可利用信息？

- 如果是，是因为：

○ 有潜在污染威胁设备的所有人提供了关于设备及其工艺变更的信息

○ 修改工作已经完成，设备按照修改的许可证要求运行

○ 发生了环境事故

○ 收到相关投诉，或者怀疑发生违法行为

○ 监察人员已做了例行监察

○ 要求进行下一次调查

是否设定了优先监察对象？

- 如果是，通过以下准则进行设定：

○ 污染能力或风险

○ 排放物类型（单一媒介监察）

○ 受纳者类型——空气、土壤、水

○ 分厂或设备装置的类型

○ 占地面积

○ 投诉次数

○ 自然资源消费准则

○ 季节

○ 与质量或健康和安全有关的环境管理体系的实用性

○ 其他监察计划、协议/协定：欧盟/国际/当地政府、分支机构、特别环境法、特殊主体（空气、土壤、水、能源、废弃物、风险）

○ 污染者的报告

○ 曾经的违法行为

○ 特殊的/整体的

○ 监察项目

环境监察渐进式指南《做正确的事2》的摘要（附件 3 —— 2007 step-by-step-guidance-book-FINAL-REPORT）提出：

依据“环境监察最低标准建议”（RMCEI），所有审查活动都应提前规划。如何更好地帮助执行RMCEI中规定的最低标准，监察工作者对这方面的指导表现出强烈需求。本指南就为此目的而写。本指南以环境监察循环为起点，包括以下七个步骤：

1.背景描述；

2.设定优先顺序；

3.确定目标和战略；

4.规划与回顾；

5.执行框架；

6.执行与报告；

7.效益监测。

前四个步骤构成规划循环，其产出就是监察计划。为了制订监察计划，监察机构首先要确定监察计划应该涵盖的相关活动并收集这些活动的相关信息。监察机构根据这些信息对所确定的活动的风险进行评估，并排定优先顺序。确定优先顺序通常采用的标准是环境影响、守法记录、要审查的法律义务、（国家）政策和目标以及可利用资源。优先顺序说明了哪些活动应受到（最高）重视。接下来的步骤是确定所要监察的活动的（可评估的）监察目的和目标，选择一个最佳监察策略来达到这些目标。

所有这些步骤都是围绕着监察计划进行的。监察计划明确指出了涵盖的时间段和地域。监察计划总结出了监察机构执行监察活动的纲要。它介绍了监察机构的使命和目的，以及要执行的法定任务、监察义务和（国家）政策。此外，监察计划还应该说明已经设定的优先顺序，并说明为什么设定这些优先顺序和是如何设定这些优先顺序的。监察计划还提供了有关监察目的、战略、程序和监察活动本身的总体资料。监察进度表显示出将要进行的不同监察活动的内容、地点、时间和执行人的情况。应适时检查并定期修改监察计划和监察进度表。

图6.1摘选自环境监察渐进式指南《做正确的事2》第10页，为该书的结构。

1.3导航图

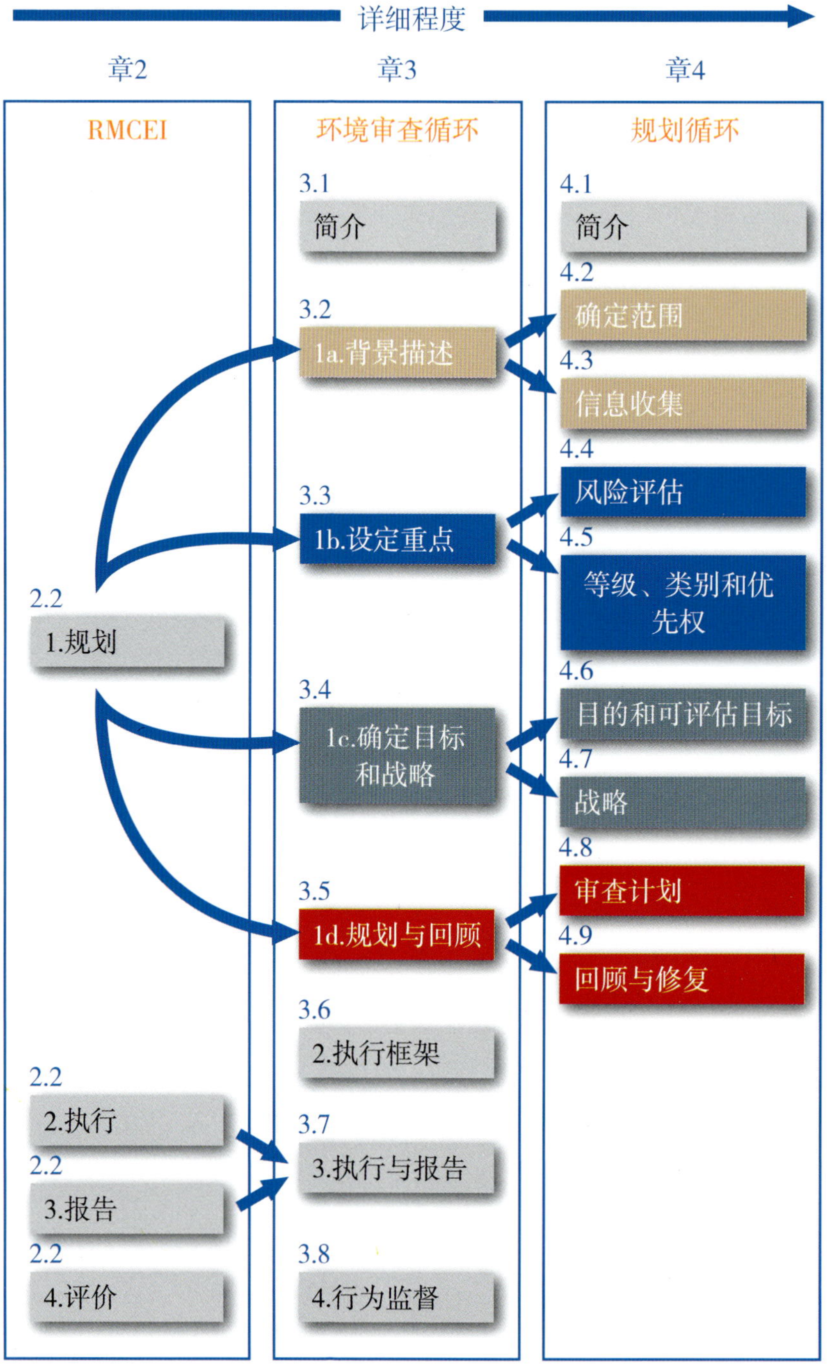

图6.1　书的结构（摘选自环境监察渐进式指南《做正确的事2》第10页）

7.公共信息

除必须公开的信息外，如环境许可证注册信息，监管机构还关注提高有关环境主题、问题和成就方面的意识。监管机构需要尽可能多地与民众、被监管部门和未监管部门以及其他监管组织沟通，并与政府紧密联系，以此了解双方的需求并就监管要求进行交流。

欧洲已经从环境监管的半秘密状态快速转换为环境和其他信息的几乎完全公开状态。

联合国欧洲经济委员会（UNECE）有关获取信息、公众参与决策及环境问题诉讼的公约（即《奥胡斯公约》）于2001年生效。

《奥胡斯公约》的主要内容是：

• 每个人都有权利获得公共机构所掌握的环境信息（获取环境信）；

• 每个人都有权利参与环境决策（环境决策的公众参与）；

• 每个人都有权利审查工作程序，对不尊重上述两项权利或违背环境法律的公共决策提出质疑（司法诉讼）。

本公约已通过欧盟第1367/2006号条例由欧盟委员会执行，该条例是关于《奥胡斯公约》中知情权、公众参与决策权以及对环境事务向欧盟机构和团体诉诸司法权的条款的运用。

对于成员国来说，第一组（“获取环境信息”）已在《欧盟关于公众获取环境信息的指令2003/4/EC》中得以实施，并已于2004年转换为英国的法规《环境信息条例》（Environmental Information Regulations）（EIR），虽然未成为苏格兰法规，但苏格兰有与之类似的法规。

指令2003/35/EC 将《奥胡斯公约》的第二组（“环境决策的公众参与”）转换成为共同体法规。首先，它通过改进《环境影响评估》（EIA）和《综合污染预防与控制（IPPC）指令》中的公众参与条款而对现行的欧盟法律进行修订。其次，它将制订环境规划中的公众参与措施，引入六条现有指令，这六条指令涉及废弃物、空气污染和保护水体免受硝酸盐污染。英国立法机关已将修改后的EIA和IPPC指令分别转换为《城乡规划草案》（2005）和《污染预防与控制条例》（英格兰和威尔士，2005）。

《奥胡斯公约》的第三组（“司法诉讼”）在2003欧盟提案中得到保留。该提案建立了一套有关进入环境事务行政与司法程序的最低要求。它的目的在于将《奥胡斯公约》的第三组转入共同体法律及成员国法律。

对于一些个人行为和疏忽，成员国要确保公众成员（自然人或法人，及他们的协会、组织或团体）可以运用行政或司法程序对不尊重环境法律的个人行为或疏忽提起诉讼。

对于公共机构的行为和疏忽，如果公众成员有充分证据证明利益权利受到影响，成员国要确保其可通过行政或司法程序对违反环境法律的行为和疏忽提起诉讼。

成员国要确保有资质的团体（以保护环境为目标的成员国所承认的机构、集团或组织）可以采取行政或司法程序对破坏环境法律的行为提起诉讼，只要诉讼主体在这些团体的法定范围或地理范围内，其可以不必具有充分理由或在其权利受到影响时提出诉讼。被一个成员国承认的有资质的团体可以寻求采用其他成员国的行政或司法程序。

尽管大多数成员国已经对国家法规进行了修改和解释使《奥胡斯公约》的第三组“司法诉讼”生效，欧盟层面的进展却有所延迟。

英国《2000信息自由法案》（Freedom of Information Act 2000）、《2004环境信息条例》（Environmental Information Regulations 2004）的发布和信息委员长（Information Commissioner）（网址：http://www.ico.gov.uk/for_organisations/environmental_information.aspx）的设立确保了公众能够获取环境信息，并被授权可照此执行。

所有的英国环境监管机构都投入了大量资源进行业务活动和信息管理，尽可能公开透明地面对他们的客户。为了使社会团体更加容易地获取环境信息，监管机构的网站始终处于不断发展之中。环境署（Environment Agency）的一个交互式GIS系统“我身边的环境”（WIMBY）（网址：http://www.environment-agency.gov.uk/homeandleisure/37793.aspx），允许用户查询和下载各类环境信息，其中包括细致到各个点的许可排污量、排放记录和水质信息。

8.1 欧盟《综合污染预防与控制（IPPC）指令》——污染定义

欧盟IPPC指令提供了宽泛的定义：

“污染是指由于人为活动而直接或间接地向大气、水体或土壤中排放可能对人类健康或环境质量带来危害的物质、振动、热量或噪声，或者导致物质财产损坏，影响或干扰正常生活和其他正当的环境使用行为。”

8.2 《欧盟水框架指令》——污染定义

《欧盟水框架指令》使用了侧重于水的略为狭窄的定义：

“污染是指由于人为活动而直接或间接地向大气、水体或土壤中排放可能对人类健康、水生生态系统，或直接依赖水生生态系统的陆地生态系统带来危害的物质或热量，导致物质财产损坏，或者影响或干扰正常生活和其他正当的环境使用行为。”

《欧盟水框架指令》还包含有害物质、优先物质和污染物的定义：

- “有害物质”指有毒的、持久的并易于引起生物积累的物质或物质群或其他引起同等关注程度的物质或物质群。
- “优先物质”是指《欧盟水框架指令》第十六条第2款（即由欧盟委员会定义为由于毒性、环境污染、广泛传播等性质需引起关注的物质）规定的且在附件10（由EQS 指令/2008/105/EC提供的清单，见下文）中列出的物质。
- 在这些物质中，“优先有害物质”是指按照《欧盟水框架指令》第十六条第3款与第6款所规定的并须按第十六条第1款与第8款的规定进行监测的物质。
- “污染物”是指容易造成污染的物质，特别是附件8中所列的物质。（即基本上是化学品，但未明确指出包括有机物或微生物）。

8.3 欧盟关于优先物质的衍生指令——水政策领域内的环境质量标准（EQS指令）

http://europa.eu/legislation_summaries/environment/water_protection_management/128180_en.htm

EQS指令提出了地表水中存在的某些特定污染物或物质群的环境质量标准，这些物质由于其本身的或通过水生环境呈现出的巨大危险被定义为优先物质。

指令2000/60/EC（《欧盟水框架指令》）对优先物质做出规定，列出33种优先物质清单，其中包括镉、铅、汞、镍及其化合物，苯、多环芳烃（PAH）和DDT等。20种优先物质被划分为有害物质。

环境质量标准以浓度水平表

示，即水中含有有关物质的量不超过某一阈值。现采用两种标准：

- 一年以上时期内计算的有关物质的平均值或浓度。这个标准的目的在于确保水生环境的长期质量。
- 测得的物质的最大容许浓度。这个标准的目的在于限制短期污染峰值。

内陆地表水（河流和湖泊）和其他地表水（过渡水区、近海地区和领海）的质量标准不同。对金属和其他有关物质设定了特别标准。

成员国必须确保遵守这些标准，还必须证实有关物质的浓度在沉积物和/或相关生物群中没有大幅增加。

指令还规定成员国需建立过渡混合区，如果其他地表水体符合质量标准，这些过渡混合区可能不符合这些质量标准。这些区域必须依据《欧盟水框架指令》在流域管理规划中明确指出。（欧盟委员会已经陆续公布了有关混合区的指导文件。参见第24章）

对于每一个流域，成员国必须建立一份有关指令规定的所有物质的排放物、排放以及损失的详细目录。基于这份详细目录，欧盟委员会必须确认到2018年是否可以达到逐步减少优先物质污染，并且最终或逐步消除重点有害物质排放物、排放以及损失的目标。

8.4 污染定义——争议与特例

8.4.1 “有机物”或“微生物”

没有一个定义明确地在术语“物质”中包括“有机物”或者“微生物”。令人吃惊的是，这几个指令的目的都是保护人类和生态健康以及维护舒适生活，但人类活动导致了致病微生物和外来物种对环境的入侵。值得注意的是，苏格兰政府的受控活动条例对“污染物”的定义中，“物质”包括了“细菌和其他病原体”。（条例2，水环境（受控活动）（苏格兰）条例2011）

参考网址：http://www.legislation.gov.uk/ssi/2011/209/regulation/2/made

副本见附件3——Scottish Controlled Activity Regulations。

8.4.2 过度取水

还有一些其他的特殊情况：许多物质只有在高浓度时才会有危害。过度取水没有增加新物质，但它减少了稀释量，因此同样会导致高浓度，其可能后果是：由于河流没有达到预计稀释量，在取水点下游进行合法排污时会对环境造成不良影响。过度取水造成污染，这是毋庸置疑的。综合水管理要求发放流域取水许可的机构与发放排污许可的机构紧密合作。尽管《欧盟水框架指令》对这一点提供了充分保证，但如果能在定义“污染”时明确表示取水与污染之间的关系，会更有帮助意义。

8.4.3 物质或热量的增加

另一个问题与“物质和热量的排放”有关。水电项目经常从低温水库底部向高温集水区的河流源头排放冷水。反之，他们也可能向温度较低的高地河流加入地表温水。开式地表水源热泵也可能排放温度很低的水。冷水对于受纳水体中有机物的热冲击可能是致命的，也可能削弱其进食或繁殖能力。两种情况下热量都有所减少而非增加，但不论哪一种情况都毫无疑问地会造成不良影响。上述定义或许用“物质的增加，或者热量的增加或减少……”来表达会更好。

8.4.4 面源污染

另一个关于污染定义的问题是关于“……直接或间接排放……”以及农业、林业、城市化等陆域活动。林木采伐、土地管理不善，尤其是在高地地区，土壤侵蚀加快，营养物质进入水资源，这些完全改变了水生态。同样地，城市降水径流加快，导致洪水和堤岸侵蚀，还可能造成严重污染。能够意识到有必要对这些活动进行监管是十分重要的，而传统观念没有认识到这些活动造成的环境影响。

9.监管原则——英国做法案例研究

英国政府制定了《监管机构守法章程》。该章程的原则与要求适用于多领域的监管机构，而不仅仅是环境监管机构。环境署的网站有该章程和《监管指南实践政府章程》的链接网址：http://www.environment-agency.gov.uk/business/regulation/107213.aspx。

英国政府总的原则是监管活动应按以下方式进行：

- 透明；
- 负责；
- 均衡；
- 始终如一；
- 只在需要的时候进行监管活动。

2007年，为了解决企业中出现的问题以及政府机构内部僵化或官僚的监管活动与经济发展、社会和谐和环境之间的矛盾，英国政府制定了《监管机构守法章程》。

从表面上看，该章程极大地约束了监管机构行使职责的能力。实际上，章程为监管机构提供了一个极好的企业规划模板，确保用一个平衡且合适的方法获得基本监管效果。

英国政府希望监管机构将章程的标准与他们的监管文化和程序相结合，这样他们的工作会更有效率、效果更显著。监管机构将能够利用自身的资源通过努力达到最佳效果，同时，通过更高效的监察行动，对企业提出更多建议，降低守法成本来使守法企业获得巨大效益。

附件6 包含《监管机构守法章程》的pdf 副本（附件 6——Regulators Compliance Code）、《监管实践指南章程》（附件 6——CoP on Guidance on Regulation），以及环境署对于为企业提供建议和指导的立场声明（附件 6——EA PS on Advice and Guidance to Business）。

9.1 《监管机构守法章程》的背景

英国环境监管的历史久远，企业界特别是那些遵守监管要求的大多数企业对于阻碍革新和赢利的不必要的繁文缛节或行政负担越来越担心。而且监管机构的方法过于僵硬，很多监管行为既无必要也无明确目的，并且监管机构与其所监管的企业联系不密切，无法提供足够的建议。

英国财政部在2005年公布了一份报告（《汉普顿报告》），在不降低英国良好的监管标准和成果的基础上，报告提出通过推广使用更有效的方法进行审查与执法来减轻行政负担的范围（附件 6 ——Hampton Review.pdf）。

该报告涵盖了监管的所有领域，不仅仅是环境方面。该报告的目的在于减轻企业的行政负担（被监管的成本），同时确保能够取得应有的监管效果。其基本建议是风险评估应该作为所有监管活动的核心。因此，对于守法企业的监管应该宽松，而且应该侧重于监管表现不佳的企业。

英国政府通过了该报告，并随后采用了《监管机构守法章程》。《监管机构守法章程》适用于所有英国监管机构，并且将《汉普顿报告》中列出的有效监管原则编撰成法典。（附件 6 —— Regulators Compliance Code）

报告指出，现有监管系统强加给企业过多的表格、重复的信息需求和多重监察。汉普顿建议采取风险评估，这样可以：

- 减少1/3的监察——意味着减少大约100万次监察；
- 减少25%监管机构下发的表格。

报告还指出，风险评估将会有助于监管机构将主要目标放在不守法的企业上，提高工作效率，减轻守法企业的负担。

9.2 《汉普顿报告》

在最终报告中，汉普顿提出：

- 风险低时减少监察，有必要时再增加监察；
- 采用风险评估原则提出更多有用的建议；
- 大幅减少填表要求，以及其他监管信息要求；
- 在必要时坚决采取更为严厉的处罚措施；
- 将企业接待的监管人员数量从31人减至7人；
- 尽可能利用现有结构，要求所有新政策和法规都要考虑到执行因素，以此牢固确立改革；
- 在政府核心部门建立一个由企业领导的机构，督促建议的实施，建立对监管行为进行质询的部门。

根据这个最终建议，英国政府成立了优化管理局(BRE）来监督监管机构是否减轻施加给企业的负担，并掌管政府部门和监管机构的财务账目。政府对该建议的反馈见Implementing Hampton: from Enforcement to Compliance。

英国政府和BRE通过加强监管执法队伍建设继续执行汉普顿原则。此方面最新进展都公布在“企业、创新和技术司（BIS）”的网站上（http://www.bis.gov.uk/policies/bre/improving-regulatory-delivery）。

汉普顿原则

汉普顿制定了整个监管系统应该始终遵循的主要原则：

- 监管机构以及整个监管制度，应使用全面风险评估，将资源集中于最需要的领域。
- 监管机构在独立进行决策的同时，应对其行动的效率和效果承担责任。
- 没有理由时不应进行监察。
- 企业不必提供不必要的信息，也不必重复提供同一条信息。
- 应该迅速确定持续违反规定的少数企业，对其进行相应的、有意义的处罚。
- 监管机构应便捷地、低成本地提供权威的、可执行的建议。
- 监管机构的规模和运营范围应该合适，如果现有机构能完成这项工作就不要成立新的监管机构。
- 监管机构应该认识到，其活动的主要内容是允许甚至鼓励经济发展，只有在明确需要保护的情况下才进行干预。

9.3 监管处罚与执行

与汉普顿报告相同，英国政府也看重监管处罚的有效性，并请Richard Macrory教授制定了一份关于监管法律制裁的报告：《让制裁生效》（《Macrory报告》）。该报告的链接网址是http://www.bis.gov.uk/files/file44593.pdf，附件10提供了该报告的副本（附件10——Macrory Review Making Sanctions Effective.pdf）。

《Macrory报告》对于立法和政策改革提出了几条范围广泛的建议，其中多条已获得英国政府批准，尤其是《2008年监管执法和制裁法案》中的《民事处罚》。该法案的链接网址为http://www.legislation.gov.uk/ukpga/2008/13/contents。附件10提供了该法案的副本（附件10——Regulatory Enforcement and Sanctions Act 2008.pdf）。

《Macrory报告》的主要建议大多已纳入《监管守法章程》，在设计中，对监管违法行为和监管机构的处罚应遵从以下六条处罚原则和七个特征。

目前环境署使用的民事处罚的细节将在第25章进行讨论。

《Macrory报告》——执法与处罚

六条处罚原则

制裁措施应：

1.以改变违法者行为为宗旨；

2.以消除违法行为所产生的任何经济收益或效益为宗旨；

3.反应迅速且考虑到特定违法者和监管问题的具体情况，其中包括与刑事审判结合的惩罚和公众污名；

4.与违法行为和所造成的伤害的性质相一致；

5.以修复违法行为所造成的损害为宗旨；

6.以阻止将来的违法行为为宗旨。

七个特征

监管机构应该：

1.颁布执法政策；

2.评估执法后果，而非结果；

3.每年向利益相关方、大臣和议会证明执法行动的公正性；

4.跟踪执法措施；

5.透明执法；

6.实施和确定行政处罚时公开透明；

7.避免那些可能会对制裁措施选择产生影响的不正当动机。

10.监管方法与选择——工具箱

无论是何种方式的监管干预，重点都应放在取得理想的环境效果，通常情况下，所有的环境立法都得到实施。对于水，可归纳为水体达到目标状态和级别。可利用的几种方法归纳见图10.1。

节选自环境状况，EA，2005（附件 5 ——Delivering for the Environment GEHO0105BIMF-E-E.pdf）。

传统上，向水中排放的点源工业排放和废水排放可以直接进行监管。一种基于风险的方法将重点放在某活动对环境的危害、活动发生的可能性以及活动可能带来的后果上。

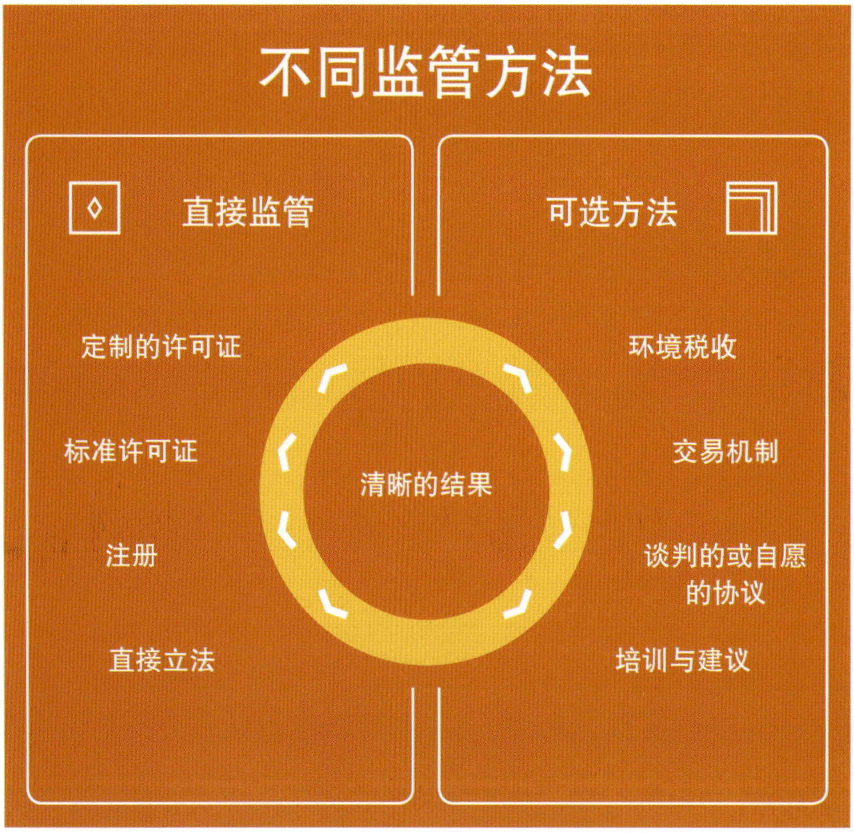

图10.1　获得理想环境效果的监管方法

对于高风险或最复杂的排放，要求具有定制的许可证，根据不同的排放环境和受纳水体环境量身定做许可证。

危险性较低的排放，通常是那些能够被高度稀释且复杂性低的排放，例如监管机构为所有有资格的排放建立一般风险评估以及类似的许可证条件申请时，采用标准许可证，其收费比定制的许可证低。

对于那些需要持续维护的少量排放，例如只服务于一处或几处房产的小型生活污水设施，可以采用登记的方式，运营者向监管机构报告排放情况以及进展程度以遵守登记要求所规定的标准责任。可以对此采取一次性收费或可重新登记。

最后，可直接应用法律，通常通过主要法规中的禁令，如禁止向下水道排放易燃性液体，或者通过法规中的一般性约束性条例，如《苏格兰可控活动章程》中新增加的可持续排水系统（SUDS）的要求。

分散性污染排放还未纳入监管，对这些污染进行管理需要采取另一种方法，例如，环境税、教育和自发行为。来自金融制裁的威慑，或者促进环境保护和环境改善的正面的经济奖励通常会激励创新的产生，通过这些创新可获得理想效果。公众对于处理本地面源污染问题的觉悟和参与能够非常有效地确保土地使用者具有良好的环境行为。

环境署已经在其发布的“21世纪监管方法——环境状况”手册中提出了上述大部分观点。如需要可到EA网站出版物部分查找。附件5提供了一个副本（附件5——Delivering for the EnvironmentGEHO0105BIMF-E-E.pdf）。

11.指令的指导文件

对于综合性法规，例如，《欧盟水框架指令》（WFD）或《综合污染预防与控制（IPPC）指令》和《工业排放指令》（IED），欧盟委员会和成员国已经认识到需要一个综合性指导文件来帮助成员国解释他们的义务并达到预期结果。

下面的第十三章和第十四章简要介绍了欧盟层面指导文件的主要内容，该指导文件可通过包括互联网在内的公共领域获得。主要网址和文件在相关网址中以嵌入式链接的方式标出。附件3提供了pdf文件形式的重要参考文件。

12.水框架指令共同实施战略

成员国和欧盟委员会于2001年制定了《水框架指令共同实施战略》（CIS），解决某些需要在成员国中实施通用的方法以避免市场扭曲的问题，或者某些法律责任或科学定义需要进一步发展或细化的问题。初始的共同实施战略指导文件可在以下链接中找到：

http://ec.europa.eu/environment/water/water-framework/objectives/implementation_en.htm。

附件3提供了一份pdf格式的副本（附件 3 —— Common Implementation Strategy.pdf）。

不论是过去还是现在，共同实施战略的目的在于尽可能协调一致地实施水框架指令。实施中遇到的大多数挑战和困难被认为在所有成员国都是共同的。由于欧盟内许多流域由多个国家共有，并且跨越多个行政区和国界，因此一个通用的方法对成功有效地实施水框架指令至关重要。一个共同的战略可以减少错误执行水框架指令并导致争执的风险。

科学地实施水框架指令达成共识的重点是方法论方面的问题。目的已经得到明确，利用适当的支持性科学和技术信息协助指令的实际实施。目前已经为此制定出对运营方法提供建议的指导文件和其他支持性文件。但是，这些文件是非正式的，不具备法律约束性，供成员国在自愿的基础上自由使用。在共同战略框架范围内制订的指导文件被看做是构成指导原则的基础，委员会可依据程序采取这些指导原则对指令进行修订。因此，对于一些特定区域，在概念和战略范围内的文件的制定可在一定程度上被认为是确定委员会程序的非正式性准备工作。

水框架指令实施的共同战略包括以下几个方面：

- 成员国与欧盟委员会信息共享的必要性；
- 有必要使公众了解并参与水框架指令实施，并提高公众对指令主要方面和与指令实施相关问题的认识；
- 有必要在水框架指令和其他部门的政策的实施上保持一致性；
- 有必要在水框架指令、其他水指令、流程和产品导向指令的实施上保持一致性；
- 为有效促进流域管理规划和水框架有效实施，有必要在不同水平的问题上采取整合行动；
- 为有效实施水框架指令，有必要在成员国中进行能力建设；
- 有必要使利益相关者和公民参与到水框架指令的实施中；
- 有必要推动中东欧候选国家就其可能参与活动（这一点对于共享的国际流域区域很重要）达成共识；
- 有必要就水框架指令的主要方面成立工作组并制定非正式指导性支持文件。

针对需要采取共同活动的不同问题成立工作组，包括地下水、参照条件、发生重大改变的水体、经济状况、流域边界和定义、流域管理规划方法、公众和相关利益方的参与、“重要”等级/阈值、监测和地理信息系统（GIS）共享结构的开发。

图12.1 显示了横向活动与纵向

活动之间的联系并简要列出了有利于《欧盟水框架指令》实施的指导性文件。

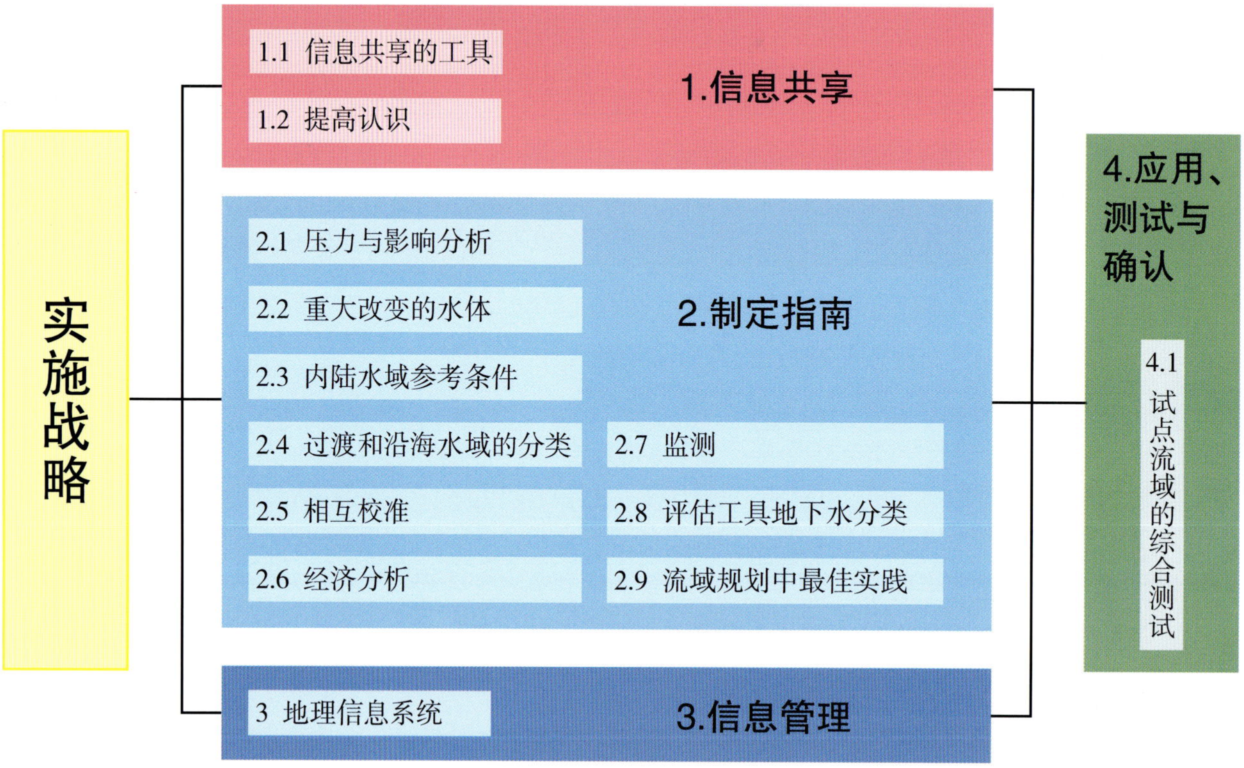

图12.1　共同实施战略

13.IPPC和IED指令的指导文件

13.1 概述

工业生产过程排污在欧洲总体污染中占有很大比重（污染物有温室气体、酸性物质、废水排放物和废弃物等）。欧盟在1996年的IPPC指令中提出了一套通用规则，用于发放许可证和控制工业生产设备。

本质上，该指令是关于在欧盟全境内防止由各种工业源造成的污染（当不可能将污染降至最低时），对其排放物和水、原材料和能量消耗进行综合控制。涉及欧盟的大约有五万台设备，这些设备的运营者必须取得授权（环境许可证）。

限制向所有媒介、陆地表层水和空气排放污染的IPPC指令（指令2008/1/EC）在工业排放指令2010/75/EU（IED）（Directive on Industrial Emissions 2010/75/EU（IED））中得以更新。IED目前在成员国正处于落实转换状态，转换必须于2013年1月前完成。目前，在IPPC和IED的要求之间有一个过渡。有关两个指令的细节和IED指南的制定可查询欧盟委员会网站：

http://ec.europa.eu/environment/air/pollutants/stationary/index.htm

对于IPPC和IED，欧盟委员会已经制定了最佳参考文件（BREF文件），介绍了可能被监管机构列为最佳可行技术（BAT）的技术，来减少工业部门造成的污染。它们为欧盟成员国当局提供参考，确保有关企业的许可证包括基于最佳可行技术的排放限值，最佳可行技术已被来自工业行业和国家行政部门的专家工作组确定。

IPPC BREF 文件为了适应知识和技术的发展不断修改。而且，也需要将IED的要求纳入进来。最佳可行技术信息交流文件（BAT Information Exchange Document）提供了有关这些修改的说明，链接如下：

http://circa.europa.eu/Public/irc/env/ippc_brefs/library?l=/guidance_document/final_version_2010/guidance-recast-rev/_EN_1.0_&a=d

13.2 最佳参考文件（BREF）

BREF文件和报告相互配合，在获得欧盟委员会批准后由欧盟综合污染预防与控制（IPPC）局颁布，其网址为http://eippcb.jrc.es/。欧盟综合污染预防与控制（IPPC）局位于欧盟科技展望研究所（IPTS）内。

对于以下行业，目前可在欧盟综合污染预防与控制局网站上查找到最佳参考文件http://eippcb.jrc.es/reference/和最佳参考文件的执行概要的以下部分：

水泥、石灰和氧化镁制造业 BREF(2010.05）

陶瓷制造业 BREF(2007.08）

氯碱制造业 BREF(2001.12）D1(2011.12）MR(2009.09）

化学部门中的普通废水和废气处理/管理系统 BREF（2003.02）D2（2011.07）MR(2008.06）

经济与跨媒介作用 BREF（2006.07）

自仓库的排放物 BREF（2006.07）

能效 BREF（2009.02）

黑色金属加工业 BREF（2001.12）（审查中）

食品、饮料和牛奶业 BREF（2006.08）

监测总则 BREF（2003.07）（审查中）

工业冷却系统 BREF(2001.12）

集中式家畜和猪饲养 BREF（2003.07）D1（2011.03）MR（2009.06）

钢铁生产 BREF（2001.12）FD（2011.06）MR（2006.09）

大型焚烧厂 BREF（2006.07）（审查中）

大型无机化工业——氨、酸和化肥业 BREF（2007.08）

大型无机化工业——固体和其他工业 BREF（2007.08）

大型有机化工业 BREF（2003.02）MR（2010.12）

采矿业尾矿和废石管理

玻璃制造 BREF（2001.12）FD（2011.06）MR（2007.01）

有机精制化学品制造 BREF（2006.08）

矿物油气精炼 BREF（2003.02）D1（2010.07）MR（2008.09）

有色金属工业 BREF（2001.12）D2（2009.07）MR（2007.09）

高分子材料生产 BREF（2007.08）

特殊无机化学品生产 BREF（2007.08）

纸和纸浆工业 BREF（2000.12）D1（2010.04）MR（2006.11）

屠宰厂和牲畜副产品工业 BREF（2005.05）

锻冶和铸造工业 BREF（2005.05）

金属与塑料表面处理 BREF（2006.08）

使用有机溶剂的表面处理 BREF（2007.08）

生皮鞣革BREF（2003.02）D2（2001.07）MR（2007.10）

纺织业 BREF（2003.07）

焚烧废料 BREF（2006.08）

废弃物处理业 BREF（2006.08）

木质板生产——MR（2011.11）（审查中）

木材及木材制品化学防腐（2011）

14.流域规划与《欧盟水框架指令》（WFD）措施计划

WFD为欧洲的水管理提供了战略规划框架。各种形式的规章制度是执行指令的主要体系，并依据流域规划和综合措施计划发挥效力。生态与生物监测方法和生态状况的分级与评估在中国－欧盟流域管理项目2012年出版的《欧洲生态和生物监测方法及黄河实践》一书中有详细的介绍。

14.1 WFD规划周期

图14.1说明了规划周期与措施计划之间的相互作用，图中这种相互作用的周期是六年，在此期间三种循环不断重复。表14.1则是行动时间表。

《欧盟水框架指令》的目的是保证水体不随时间流逝而恶化，所有自然地表水体应至少达到良好状态，人造水体应具有良好生态潜力。

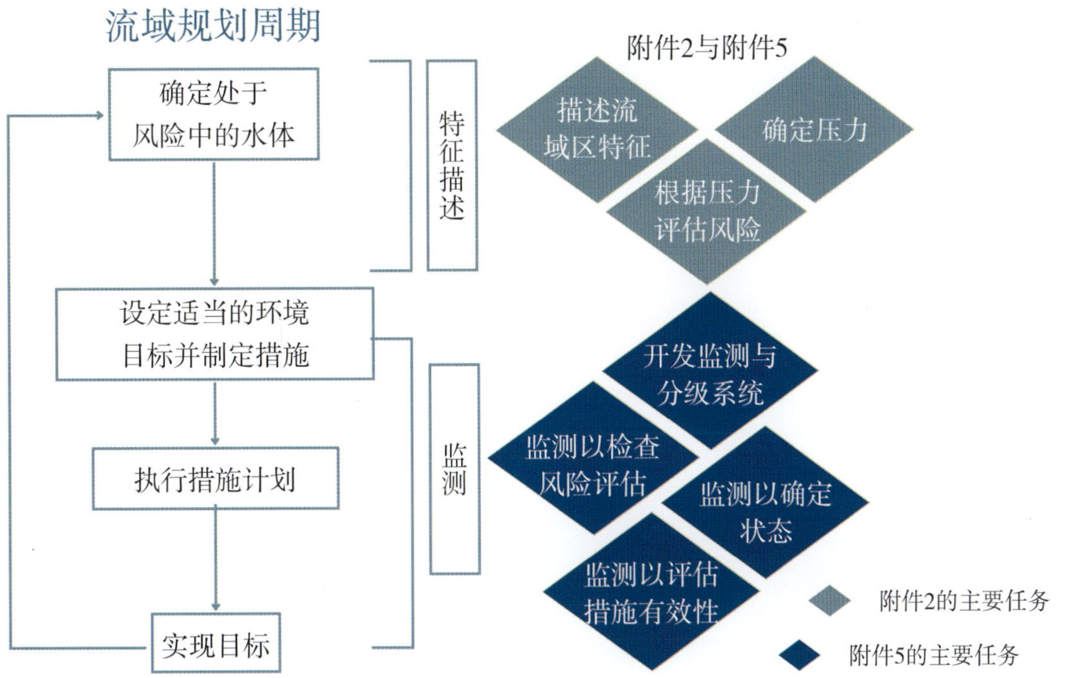

图14.1　流域规划、监测与措施计划之间的关系（苏格兰环境保护署（SEPA），2002，《未来的英格兰水保护》）

14.2 WFD时间表

《欧盟水框架指令》为欧洲规定了一个清晰的行动时间表，见表14.1。表中绿色区域为与监管行动的规划和评估有关的主要要素。橙色区域为通过监管行动改善的实施方法，构成措施计划。《欧盟水框架指令》允许在六年周期的基础上运行三个规划周期，第二轮和第三轮周期的评估和规划在蓝色区域中。这样，就可以使用一种务实的方法逐步实现规定的目标。

WFD建立于强大的监管背景之下。

表14.1 《欧盟水框架指令》时间表（改编自水研究基金会）

完成时间	需要采取的行动	对应的指令条款	概述
2000年	《欧盟水框架指令》开始生效	第22、25条	成员国用3年的时间进行准备
2003年	• 将要求转换为国家立法 • 确定流域分区与主管机构	第23条 第3条	
2004年	确定流域特性：压力、影响及经济分析	第5条	用6年的时间分析问题并编制流域管理规划
2005年	确定地下水污染的主要趋势	第17条	
2006年	• 确定环境监测程序 • 公布编制首次流域管理（RBMPs）规划的工作程序并就此提供咨询 • 确定地表水环境质量标准（EQSs）	第8条 第14条 第16条	
2007年	• 向欧盟委员会报告监测程序 • 公布并咨询每个流域区的重要水管理问题（SWMI）	第14条	
2008年	公布并咨询流域管理规划(RBMPs）初稿	第14条	
2009年	• 公布每个流域区的第一个流域管理规划 • 确定每一流域区的措施计划(POMs）以实现环境目标	第13条 第11条	
2010年	• 向欧盟委员会报告流域管理规划（RBMPs）和措施计划（POMs） • 引入水价政策	第9条	用3年的时间使措施计划就位
2012年	• 保证所有措施计划完全付诸实施 • 汇报实施第一个流域管理规划的进展情况	第11条 第15条	
2013年	审查流域管理规划第一周期的进展情况		用3年的时间实现规定的目标
2015年	第一个流域管理规划规定的主要环境目标是否实现?	第4条	
2015年	审查与更新第一个流域管理规划	第13、14、15条	下一个规划、咨询与实施的6年周期
2021年	• 第二个流域管理规划规定的主要环境目标是否实现? • 审查与更新第二个流域管理规划	第4条 第13、14、15条	下一个规划、咨询与实施的6年周期
2027年	• 第三个流域管理规划规定的主要环境目标是否实现? • 审查与更新第三个流域管理规划	第4条 第13、14、15条	

14.3 WFD措施计划

在通过监测确定了流域区内水体的状况后，成员国必须使用这些信息来制订出综合措施计划（或改进计划）以达到环境目标，特别是该流域内“良好水体状态”的要求。

这些方法作为流域管理规划的一部分制定出来，在最后的一份规划中制定了措施计划和监管干预制度，这样就可以在每个水体中达到议定目标。

《欧盟水框架指令》允许采用监管方法组合来达到议定目标。需要注意的是，这种方式与英国监管方法相似——参见第10章中介绍的工具箱和图10.1。

《欧盟水框架指令》将这些措施分为基本措施和补充措施。

强制性基本措施包括满足其他相关指令要求、排放许可证要求以及取水要求。当基本措施不足以实现环境目标时采取补充措施。补充措施在指令的附件中作了规定，列出了改善水体状况的部分可能方法，包括经济手段、谈判协议、修复项目、研发等。图14.2显示了措施计划的结构。

应就议定的措施计划的实施情况对成员国进行评估。

对监管制度（许可证、执照等）和可利用的非监管制度（自愿协定、合作伙伴、教育、征税等）的透彻理解对实现《欧盟水框架指令》目标至关重要。

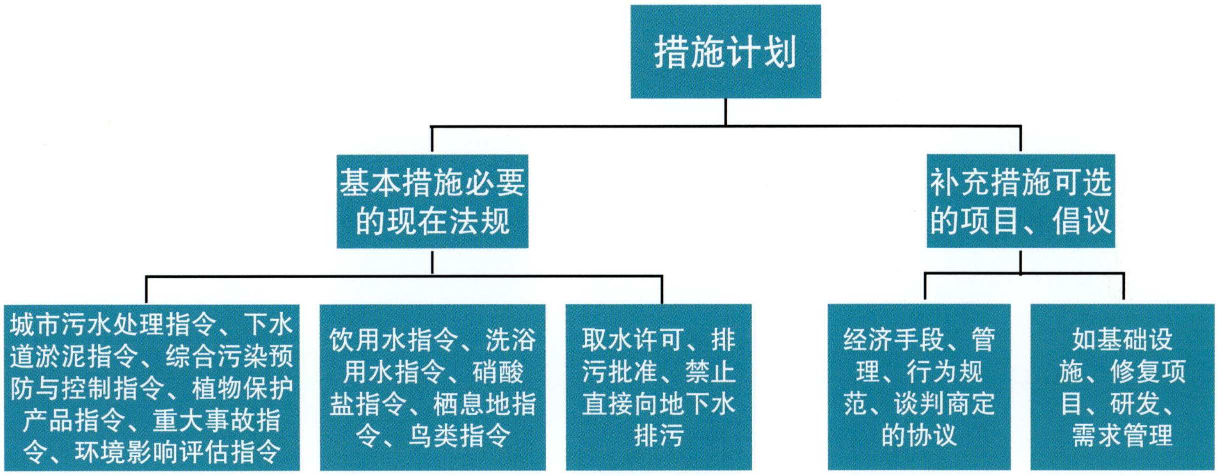

图14.2　措施计划的结构

15.取得良好水质成果的国家机制

为取得理想的水质成果，需遵循以下方法：

- 恰当的战略规划；
- 精心的设计和详细计划；
- 良好的架构；
- 良好的运营；
- 适宜的维护；
- 有效的管理；
- 全程高度透明。

以上方法可以减少相关法规的数量，这些法规用于控制潜在危害活动造成的影响。

将这些好的实践方法的必要性和好处清晰地介绍给所有利益相关方是十分重要的，这样才能最大限度地减少监管干预。

15.1　成员国法律的转换与实施

成员国必须将欧盟法律转换成国家法律，但对于具体的转换机制，不同成员国可有适当不同。下面是几条通用原则：

- 严重的环境违法行为必须遵照国家的刑法和处罚条例进行处理，见附件5——环境犯罪刑法2008（附件 5——Directive on Environmental Crime Criminal Law 2008.pdf）。
- 环境信息应普遍对于公众公开，见附件5——公众获取环境信息指令（Directive on Public Access to Environmental Information.pdf）。成员国应向欧盟委员会报告转换和实施信息，并由欧盟委员会择要报告给欧盟议会和欧盟理事会。

通常，欧盟委员会首先将注意力放在将指令转换成国家法律上，然后转向实施行动与报告进展。欧盟委员会不会对成员国转换机制的细节进行分析与报告。另外，还有一个机制是欧盟监察专员，专门调查公民认为政府执行指令不当时对欧盟委员会提出的投诉。尽管保障公民参与权是一项基本原则，但经验表明公民干预的数量和形式是可管理的，而且信任程度越高，越易于管理。有关欧盟监察专员的更多信息可在以下网址获取：

http://www.ombudsman.europa.eu/home/en/default.htm

成员国可以决定实施有效监

管的集中控制程度，例如，由中央政府直接控制，或者将控制权力从国家政府移交给中央派出机构、地方政府或当地政府机关，或者以上几种方式的组合。由于成员国的大小、地理情况、法律体系和制度机制各有不同，因此对于执行欧盟指令没有适合所有成员国的方法。成员国可通过不同刑法、民法机制和执行机构来确保达到欧盟法律中规定的结果。

各成员国都有水管理体系的详细内容，但普遍没有英文版本，因此仍然重点介绍英国做法。对一些成员国的环境法律和管理体系的有限的分析已包含在IMPEL 和经济合作与发展组织（OECD）的出版物中，见IMPEL《环境监察工具书》（附件5——1999-02-refbook-FINAL-REPORT.pdf）、IMPEL环境监察渐进式指南《做正确的事2》（附件5 ——2007-11-dtrt2-step-by-step-guidance-book-FINAL-REPORT.pdf）、OECD国家的水管理：多层次方法（附件5 ——Water in OECD countries - multi-level approach 48885867.pdf）。

15.2 综合水管理

“水”和水资源管理通常包括：

- 洪水风险管理；
- 水资源管理；
- 饮用水提供；
- 水质；
- 废水处理；
- 渔业；
- 娱乐；
- 航运；
- 以上任意一个方面的应急反应。

以上各项可由政府、政府机构或私人机构联合或单独管理。确保遵守相关法律通常是政府指定或授权的监管机构的责任。这些与水相关的领域中，没有一个能进行完全独立的管理：对水的某一领域的干预很可能对另一领域产生积极或消极的影响。因此，监管机构间的有效对话对综合规划与执行至关重要。

15.3 欧盟层面的指导文件

IMPEL《环境监察工具书》介绍了一种“监管循环”，指出了从政策到实施的关键步骤。其中包括制定政策和目标、立法、颁发许可证、守法控制、促进守法、强制执行、评估和反馈。该监管循环如图15.1所示。

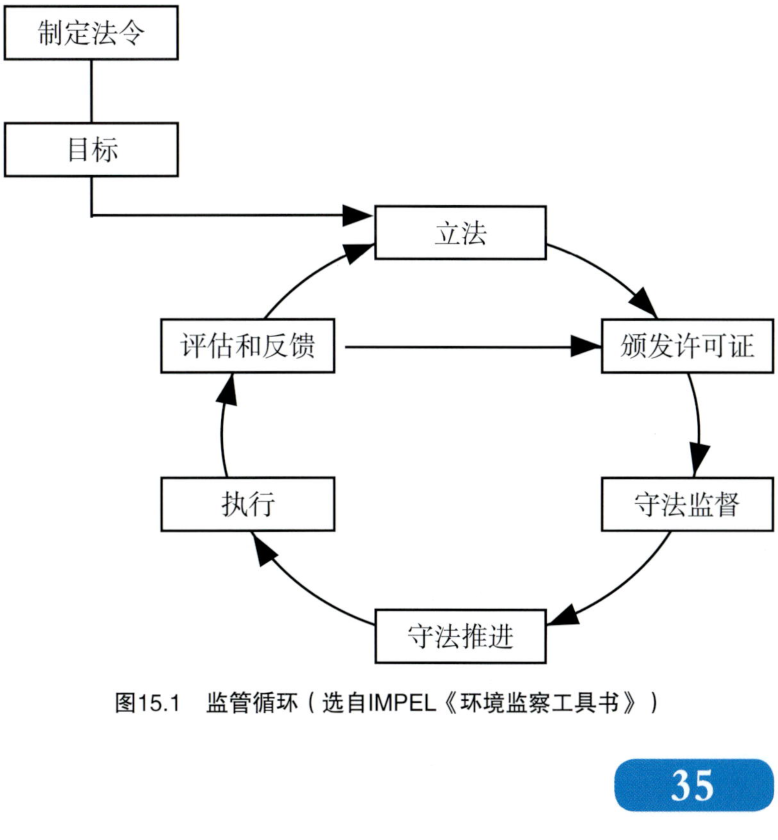

图15.1 监管循环（选自IMPEL《环境监察工具书》）

15.4 监察循环

监察循环如图15.2所示，是第2章介绍的规划循环的一部分或由其演变而来。该循环中操作步骤细节见IMPEL环境监察渐进式指南《做正确的事2》。

这两个IMPEL文件（是指本节的文件和上节的文件）都包括大量战略规划信息和执行环境监管的策略信息，同时侧重于为监察人员提供有效技术，为政策制定者和管理人员提供有力的参考依据。

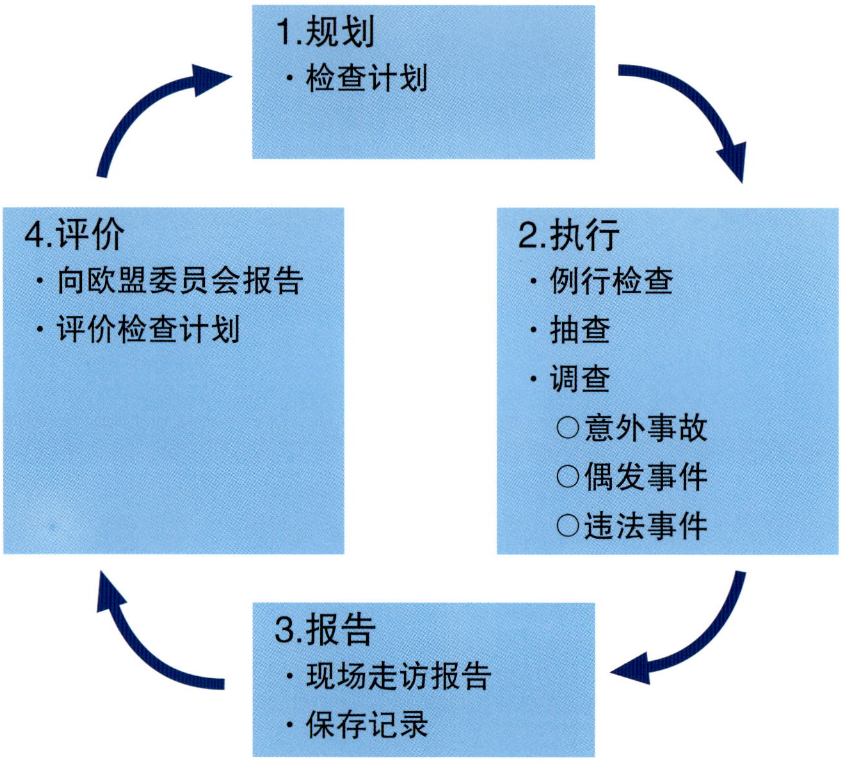

图15.2　监察循环（选自IMPEL环境监察渐进式指南《做正确的事2》（附件5——2007-11-dtrt2-step-by-step-guidance-book-FINAL-REPORT.pdf））

15.5 取得指令规定的成果

成员国对指令的实施不仅要求立法转换成国家法律，而且还要求具备一个有效的执行体系来充分确保实现指令目标。制定详细的战略规划是政府及其执行机构的一项重要职责。在制定规划初期最好考虑采用一种最及时、最节约成本的方法实现指令目标。政策决策可以是粗略的，或者把重点放在个别领域。这些政策可包括征税、罚款、收费、许可证、注册或禁令，这些政策都可由刑法和民事制裁加以巩固。教育、研究、公众意识和特殊利益团体也在其中起相应的作用。

例如，当一个指令规定的义务对一个新开发项目有影响时，发展规划框架中一个简单的规则，涉及所有方面，要求对于废水处理或地表水管理进行安装、运行和后续维护，这样可以避免对许可证收取大多数费用，减少运营者和环境监管机构的相关成本（许可证申请的批准和延续）。

16.欧盟与英国的环境指令转换与实施概述

欧盟成员国政府负责转换和实施指令要求，并要形成国家政策。在国家政策体系框架内，执行指令和监管决策的“主管部门”可以是中央政府，也可以是地方政府或者政府机关。监管规定可以由政府或政府控制的公用事业公司（通常为供水部门和城市污水处理部门）或者私营组织来执行。

令人颇为意外的是，欧盟委员会、IMPEL 和欧洲环境保护署负责人网络（NEPA）都没有在欧盟层面为每个成员国制定出实施情况的制度和行政协议。IMPEL《环境监察工具书》对于国家的监管检查和强制执行作了有限的描述，但没有进行更新，不能代表扩大后的欧盟的情况。

下文以英国为实例进行介绍。

16.1　英国环境监管框架

英国政府负责为指令的转换和实施制定政策和战略决策，与苏格兰、威尔士和北爱尔兰的行政机构紧密合作。在英格兰和威尔士，环境、食品和农村事务部（Defra）是主管部门并与相关其他部门相互合作。欧盟的其他成员国的情况与英国类似。

在英国，政府的政策形成主要法规——议会法案，法案在获得通过后，经过公众咨询、仔细审查和修改后最终形成法律。大多数英国法律在国家层次对执行机构的行为、结构、职责和权力以及违法行为和制裁措施做出了规定。议会法案授予大臣在议会监督和公众质询之下制定法规的权力，对主要法律的实施做出具体规定。

因此，《环境法案1995》规定成立环境署，将其作为独立于大臣控制的非部门性公共主体（NDPB），规定了环境署作为英格兰和威尔士环境监管机构的职责和权力范围，并规定了对环境署的决策提出上诉的权利。环境、食品和农村事务部大臣对环境署负责，并制定详细法规，例如，欧盟指令所规定的法定质量目标、在行政上坚持许可证申请制度、诉讼程序。环境署依照法规进行执法时，有关方必须服从，不服从则会受到处罚。

16.2 英国水监管体系

16.2.1 概述

对于水环境来说，在英格兰和威尔士，主要监管机构是环境署，其负责处理所有水环境问题，另外还有水务局和水工业监管机构，管理提供饮用水的私有垄断企业和污水的运送与处理。环境、食品和农村事务部（Defra）在“责任说明”（附件 5—— Defra Statement of Obligations-0712-080702.pdf）中为被监管的企业提供高级指导。

英国的监管体系对提供饮用水的私有水企业和污水处理企业的行为和发展有重大影响。这种监管方式通过对话、合作、联合发展和咨询达到上述目的。但是，需要时也可以利用监管工具来达到目的。使用监管处罚十分重要，其作为必要的安全网络已得到水企业、付费者和普通公众的承认。

政府和监管机构在构建水企业运营框架中起到明确的补充作用。政府必须制定法规以确保欧盟指令得以实施。以下是该体系的关键部分：

- 政府的环境部门——环境、食品和农村事务部（Defra）制定战略指挥方针和诉讼程序。环境、食品和农村事务部在“责任声明”（附件 5—— Defra Statement of Obligations-0712-080702.pdf）中为监管机构和被监管的企业提供高级指导。
- 水工业经济监管机构，为水定价以确保公司具有足够的资源做好本职工作，并保护消费者不必支付过高水费。
- 环境署作为环境监管机构，确定环境标准，颁发取水和排放许可证，对守法行为进行评估。
- 饮用水监察局设定水质标准并监测自来水水质。
- 水消费者协会代表消费者的意见。
- 水务公司负责提供饮用水和处理污水，对基础设施进行维护和开发，开展其营业执照范围内的业务。水务公司还必须对股东产生投资回报并偿还银行贷款，银行将根据水务公司的资产价值、利润和经营业绩为其提供贷款。

经济监管机构指派独立的观察员到每个水务公司获取水务公司活动的准确信息。图16.1对这种关系进行了说明。

主要法律已对监管机构和水企业的作用做了规定，其中包括《水工业法》、《水资源法》和《环境法》。这些法规提供了法律框架，Defra制定的条例和指导文件对其做了补充。另外，每个组织都制定了战略方针、指导方针，设定了目标，并制定解决特定技术问题的措施。这些指导文件构成了这些机构日常关系的基础，在多个方面督促水工业行为达到监管要求。

每个组织的战略文件都给出了5~25年的关键结果、活动和成本。每个组织都应听从公众与包括政府部门在内的其他关键机构协商后的建议。这一点非常重要，因为每个组织都要求与其他监管机构和水企业协同合作。这些政策性文件在战略层面上影响水务公司的成本和行动，并最终影响消费者的成本。

各组织制定的技术指导文件都提供了水工业运行的详细框架。制定这些文件的目的是为操作实践或报告引入新要求或变化，其中包括气候变化、供需平衡、饮用水水质、水环境和其他杂项规定。指导文件应尽可能与水企业紧密联系以确保它的可操作性，并能达到预期的效果。各组织的政策制定人员和技术人员应在议定框架内通力合作起草和测试指导文件。重要的是保护良好的合作关系，并且相互了解对方的需求和技术能力。

在获得主管机构批准之前要尽量达成对指导文件的一致意见。但是，负责的监管机构有时需要单方面确定指导文件。重要的指导文件可能需要通过公众的质询，尤其是当涉及成本或对公众有影响的时候。一旦得到批准，所有指导文件不受版权限制，按要求通过网站对公众开放。

英国各监管机构制定指导文件和将指导文件通告给水务公司和公众的方式略有不同。水务局下发了一系列带有编号的执行董事（MD）和监管董事（RD）正式信件。通过

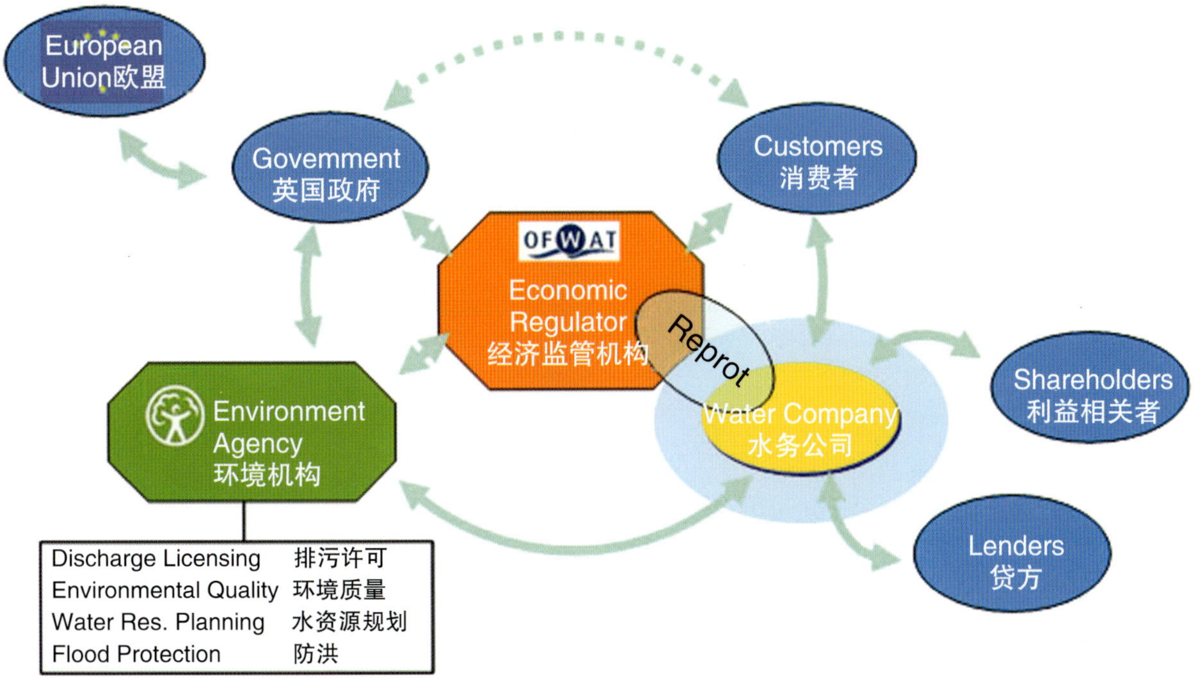

图16.1　英国水和环境监管模式

这种方式将新要求或指导政策通过预先安排的联系途径直接发送给每个水务公司、其他监管机构和利益相关方。这些信件形成一套完整的指导文件，水务公司通过这套指导文件与英国水务局产生互动。

环境署下发了一系列质量控制指南，涵盖了其管辖的领域。这些指南被纳入环境许可指南和取水许可证指南。这些指导手册通过环境署的网站向大众公开。手册的任何改动都会发送给水务公司和环境署执行官员。最终，指南通过转换成许可证条件得到实施，并且通过环境署进行的监测和守法评估得以执行。必要时可以向法庭提起诉讼。

饮用水监察局下发了类似的信件，可登陆其网站进行查询。通过自我监测和报告制度对是否遵守指南规定进行评估，如有需要，饮用水监察人员可采取监管行动。

每个水务公司在日常的运行中都需要重视执行指南。水务公司在执行指南和达到许可证条件上有一定自由度。但他们必须达到规定的结果并符合其许可证规定的法定要求。

英国和其他大多数经济合作与发展组织（OECD）国家水工业的一个特点是在这个体系的各个层面都有顾问的参与，从监管规划到项目实施。这些拥有大量专业知识的专家来自于独立私营公司，穿梭于不同相关机构间，大大增强了水企业履行职责的能力。这些顾问可在几个月之内自由参与不同水务公司的项目，服务于水务局、环境署和包括学术机构在内的其他机构，因此促进了专业知识的交流。中国还没有形成类似的人力资源库，因此很难在项目周期内获得需要的特定的短期专业技能。

在这个监管框架中，有时会发生与规定要求相冲突的情况，或者水企业认为指导文件与确定的环境许可证不匹配的情况。在这些情况下，水工业或公司可以正式或非正式地提出诉讼。由一名规划监察局的监察人员代表国务大臣对这些诉讼做出裁定。对于重要的案子，国务大臣有权亲自过问并直接做决定，或者在做决定之前举行听证会。

监管机构有必要长期坚持在一系列正式和非正式的季度会议上对水工业目前和将来的要求进行平衡与总结。

16.2.2　水的定价

经济监管的目的是确保融资能力：指定水务公司通过贷款、股票和保留利润等方式为实现运转获得资金的能力。公司有能力为维持其正常运转获得资金意味着两件事情：第一，公司应获得与其投资相等的资金回报；第二，公司的收益、利润和现金流应使其在需要的时候可以在信贷市场上筹措到资金，刺激股东通过股权注入或分配利润投入更多资金。

“定期审查”（PR）是对水工业的义务和要求的执行情况进行五年一次的审查，为对话与协商提供一个正式有序的机会。然后，制定下一个五年周期的水价。这些价格力求使水务公司在保持或提高服务水平的基础上获得融资需求与环境之间的平衡，并且要能够使消费者支付得起。水价制定机制如下。

英国监管模式中如何设定水价

经济监管是指，通过控制水价允许水务公司向消费者收费，而不是像其他一些国家那样通过控制投资的利润率收取费用。水务局用公司对比来取代模拟市场竞争。目标在于服务而不是基础设施。

关键术语

RCV——受监管资本价值。这是在Ofwat监督之下的水务公司及其资产市场价值的主要基准，为资产重置成本的10%。水务公司力求获得此数值的利润。

K——每年水务公司设定的水价提高或降低的幅度。由下面的价格约束公式得出

$RPI \pm K + U$

*K*是监管机构Ofwat在五年价格审查中为每个水务公司每年设定的数值，它反映出水务公司为了保证向消费者提供服务的财力需要考虑的通货膨胀因素。它可以在两次价格审查中间做临时性的调整。*RPI*用当年零售价格指数增长百分数来表示，*U*是前几年未采用的*K*值。

*K*的计算要考虑到许多方面的要素，包括上报给监管机构的公司的上一年的业绩、资金成本、监管机构施加给公司的投资义务、公司的效率增长和基础设施建设的主要成本。*K*值是对详细的公司运营计划进行审查并提交后在“定期审查”过程中确定。

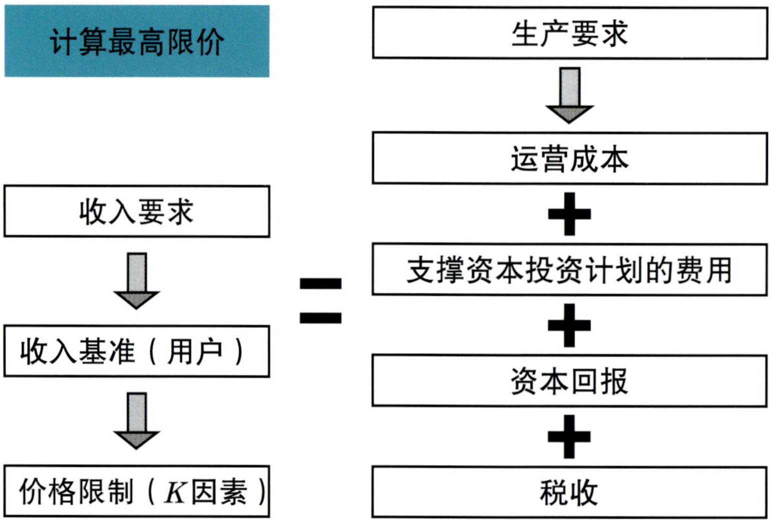

16.3 许可证制度摘要与原则

超过最低限值的地表水或地下水取水活动都应取得附有一定条件的个体许可证。另外，排放许可证制度适用于所有工业排放以及城市污水处理厂排放、下水道和污染地表水的间歇排放，以及排放物进入下水道的商业排放。许可证反映出当地条件和环境需求，并将极大影响处理、维护和运营成本。许可证的签发和管理由当地政府负责。

许可计算的细节和许可证条件的确定机制由环境监管机构完成，权利受到侵害时申请人可对此提出申诉。环境监管机构对许可证申请者公开指导文件并提供一定的免费指导，根据所申请排放的复杂程度进行收费。申请人提交一份申请书，环境监管机构检查其是否符合要求，即是否提供了足够信息以便决定是否签发许可证（如果提供的信息不充足，则停止检查，直到提供所有需要的信息）。

然后，环境监管机构对申请进行确定，通常签发一个许可证，其中规定了必须满足的合法的排放条件（更多细节见第19章）。通常情况下，许可证会限制排放的性质和地点，对排放物中各组分的体积和浓度做出限制，还可能包括对运营者监测和汇报的要求。

申请者可以对监管机构做出的决定通过诉讼机制向由政府主管部门指派的独立监察人员提出上诉，或者接受监管机构所规定的条件。如果接受了这些条件，许可证的持有者就可按照许可证的条件排放污染物，并按照监管机构的要求提供排放监测数据和守法信息。

环境监管部门对受纳水体进行监测以确认关于许可证排放限值计算的设计假定条件是正确的，并确定排放控制点的受纳水体的水质是否达到预期值。排放控制点通常位于或接近许可证持有者地产的边界，存在混合区时还可位于混合区的边界。有关混合区的内容将在第24章做详细介绍。

环境监管机构根据规定的目标对受纳水体进行水质监测。监管机构可能对许可证进行不定期审查，如果发现排放造成不良影响，则修改许可证条件使其更为严格，或者如果发现设计条件过于严格，则可放宽许可证条件。

所有这些监管过程向公众发布，关键文件和信息公布在监管机构的公共登记簿上，例如，申请表、广告、咨询回复、许可证、监测结果，以及有关诉讼和执法活动的信息。公众可到监管机构办公室获取这些登记簿，并且正逐渐通过互联网拓宽获取途径。

环境监管机构依照指令要求对遵照水质标准的守法行为信息进行整理，并汇报给他们的上级主管部门，然后再上报至Defra，由其对全英国范围的信息进行整理。Defra将整理好的全国的信息提交给欧洲环境署，环境署再将成员国的信息整理好上报至欧盟委员会。欧盟委员会再依次上报至欧盟议会和欧盟理事会，并且在成员国内公开发布指令守法报告。

整个监管过程有些像一层层的洋葱皮，一层代表一个玩家的一个“问题管理”或者“计划–实施–审核–评估”循环，从欧盟议会和理事会到经营者，周而复始（见第2章图2.1）。

在国家层面上，监管循环的重点是确定责任和义务并确保执行体系各就各位，以便尽可能高效地完成循环步骤，并证实步骤都已执行到位。在监管机构层面上，重点在于确定监管范围和所需资源，确保对目标听众宣传责任和义务，签发许可证并在需要时进行监测，向政府或利益相关者汇报工作进展。从经营者的角度来看，重点在于了解什么是环境责任和义务，以及如何以最低成本在实现最大利益的情况下将义务与商业实践融合在一起。更多细节讨论见第19章。

17.实现与水框架指令和综合污染预防与控制（IPPC）指令相符

通过许多方法可以实现并保持水框架指令（WFD）的目标，排放管理和许可证方法就是其中的一种方式。许多排放活动都不符合特定的排放控制管理体制或没有许可证，需要有更多的以商业为重点的温和措施来确保排放活动不会导致环境状况恶化。例如，为了对地表水径流进行管理，新建项目必须有可持续的排水系统（SUDS）；针对在水体中进行的建设活动对沉积物进行管理；良好的农业实践直接与补贴挂钩等。

17.1 组合方法

水框架指令采用组合方法来保证达到指令目标。指令和其衍生指令确定了在一定的时间范围内必须满足的地表水和地下水的水质标准。但是，《综合污染预防与控制指令》规定了基于最佳可行技术（BAT）的排放控制机制，拟用于特定的工业部门中（已被工业排放指令纳入，到2013年底前转换为成员国法律）。欧盟委员会批准的BREF说明和指导文件草案中为每个有关的工业部门规定了推荐的最佳可行技术（BAT）（参见http://eippcb.jrc.es/reference/）。

图17.1中给出了概述简图。

17.2 最佳可行技术（BAT）

最佳可行性技术可描述为：

“最佳”——达到高水平的整体环境保护效果的最有效的技术。

“可行”——按照规模开发的技术，考虑到成本和优点，使得这些技术在节约成本和技术可靠的条件下能用于相关的工业部门。

“技术”——包括设备的设计、建造、维修、操作和拆除的技术和方法。

IPPC指令第2.11条将BAT定义为“活动开发过程中的最有效且最先进的阶段及其运行方法，展示普遍适合作为排放阻值设定基础的特定技术，用于防止产生排放物。如果无法防止产生排放物，那么通常可以减少排放物并降低其对环境整体的影响”。

17.3 根据《综合污染预防与控制（IPPC）指令》的规定实施最佳可行技术（BAT）

以下内容摘录自环境、食品和农村事务部（Defra）IPPC 指导文件。

《综合污染预防与控制（IPPC）指令》中规定的综合污染预防与控制（IPPC）体系是将综合环境保护方法应用于某些工业活动的监管中。这就意味着排放到空气、水（包括下水道中的排放

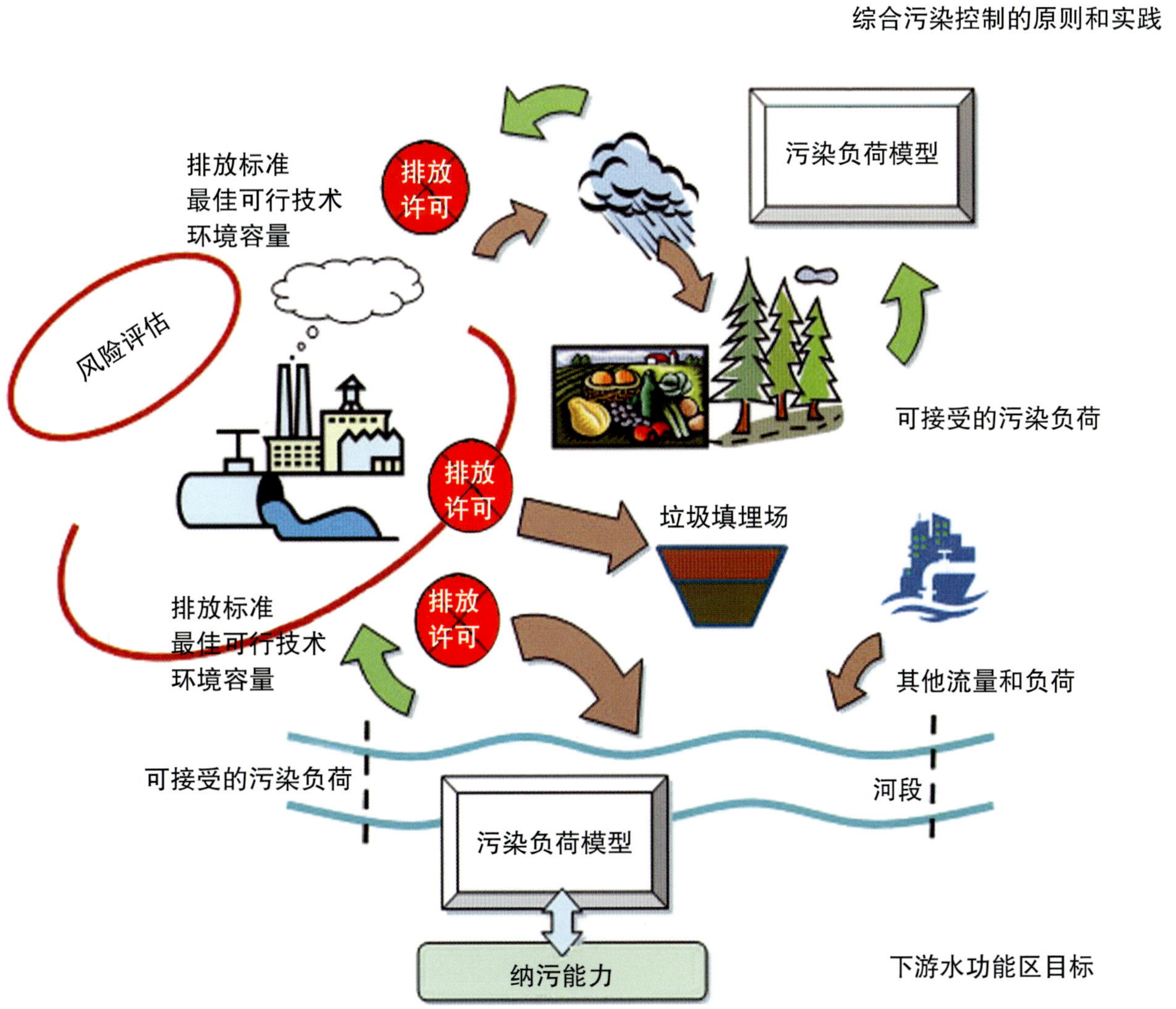

图17.1　概述简图——环境保护组合方法

物）和土地中的排放物加上一系列的其他环境效应物必须放在一起考虑。它也意味着管理部门必须设定许可证条件从而达到对环境整体的高水平保护。

这些条件都是建立在使用“最佳可行技术”（BAT）的基础之上的，使用最佳可行技术可使得经营者所花费的成本与环境效益保持平衡。IPPC的目的是防止产生排放物和废物，而在无法防止排放和废物产生时，旨在将排放物和废物减少至可接受水平。从首先执行许可证制度到工业活动终止时进行场地修复的整个过程中，综合污染预防与控制（IPPC）提供了一套综合性的方法。

欧盟网站http://ec.europa.eu/environment/air/pollutants/stationary/ippc/index.htm包含了IPPC指令及其后续的工业排放物指令(指令2010/75/EU）的基本背景资料。附件8——Europa Page on IPPC to 2013.docx以及IED——Europa IED Summary.docx中有这些内容。

IPPC指令的解释和实施指导文件也可以从欧盟委员会的网站上获得。欧盟的IPPC局网站http://eippcb.jrc.es/含有IPPC会议记录的链接以及最佳可行技术的欧盟指导文件链接。

通常，使用最佳可行技术（BAT）会产生工业废水和地表水排放，这些水排放至受纳水体中不会对达到水质标准造成威胁。在只使用最佳可行技术（BAT）无助于达到水质标准的那些情形中（如稀释率较低时），废水要求被处理至比最佳可行技术（BAT）更高的标准。对于正在决定何处建新厂或者改善现有厂房的条件的企业而言，这当然是要重点考虑的内容。

18.许可证制度概述和实践

在无法避免排入到水中可能会产生污染的点源排放物的地方，有必要控制它们的污染影响。从有关政府部门或机构获得的许可证使这样的排放合法化。排放必须遵守许可证中的条件，否则排放即属违法， 从而致使经营者受到刑事和民事制裁。管理部门需要充分了解可能造成污染的活动以及受纳水体环境，从而避免低于或超过规定条件排放。经营者分享这种知识还是有好处的。

18.1 许可证制度和守法过程概要

本部分总结了成功实施许可证制度和监测制度的关键部分。下面分段详述了下列关键点和原理。

- 排放许可证制度是确保达到预期水质和水量的一种可行工具。
- 根据时间尺度在一定范围内必须满足的水标准，流域管理计划中规定了预期水质（WQ）和水量。
- 通常，限制因子是排放物的浓度而不是体积。
- 仅在有废水排放不影响预期水质（WQ）或预期有助于满足水质标准时，才允许废水排放。
- 申请人需要熟悉其获得并遵守许可证所需的条件。
- 监管部门必须为预期的申请人提供排放建议和及时信息。
- 申请人应及早与监管部门对话从而了解监管部门的要求，以避免因为废水问题花费昂贵的重新设计费。
- 申请前的讨论有助于确定监管部门的要求和申请人可选的方案。
- 申请人负责制订具体的排放计划。这可能要求由专家进行方案建模。监管部门也可做这项工作，或者对申请人委托制作的模型的结果进行审计。
- 申请人申请许可证，提交管理部门所需的所有资料，并支付适当的鉴定费。
- 监管部门将申请放在公共登记簿及其网站上，并告知外界如果其利益可能被所申请的排放影响时可发表意见，同时开始与监管部门服务组合的其他部门（如洪水风险、水资源、航运、渔业、自然保护等）进行内部磋商。
- 监管部门收集所有的咨询回复意见，对这些回复意见和申请进行审核，决定是否签发许可证及许可证的条件。
- 监管部门将结果通知申请人，并把拒绝或同意发放许可证的决定结果登记入册。
- 申请人可同意决定结果或向第三方监察人员上诉，其决议具有约束力。
- 如果申请人接受颁发的有条件限制的许可证，就可以根据这些条件，支付有关的排放费用，从许可证中规定的日期起开始排放。
- 如果单独排污的申请人对许可证决定结果或条件提出上诉，许可证在监察人员做出决定期间通常暂停使用。
- 如果申请针对的是污染控制装置或污水处理厂的排放，那么许可证条件在监察人员做出决定期间可以使用。
- 排污者根据监管部门规定

的监测计划对排放进行监测，并向监管部门提供有关的数据和资料。

- 数据和资料置于记录簿上。
- 监管部门评估是否遵守许可证条件，并将其记录在记录簿上。
- 监管部门评估受纳水体质量是否与预期水质类别和状况相符，如果不相符，评估排放导致的不相符程度。
- 如果出现未遵守许可证条件的情况，监管部门调查并与排污者商议未遵守许可证条件的原因，从而快速改善以符合许可证要求或审查许可证条件以达到所要求的水质类别和状况。
- 根据未遵守许可证条件所造成的环境影响，监管部门可对排污者提请刑事或民事强制执行。
- 强制执行的结果由监管部门记录在记录簿上。
- 监管部门定期向其主管政府部门报告规定的监管工作情况信息，主管政府部门再向欧盟委员会报告有关信息。

18.2 许可证制度的前景

经营者已然采取了所有能消除排污需求的合理措施，对环境造成污染的风险可控并可降至最低，这就证明了对可能造成污染的排放实行许可证制度是合情合理的。获得排放许可证应先于排放之前，并且是开始开发的必然要求，而不是排放时才追溯申请许可证。人们认识到开始引入有效的许可证制度后将不可避免地出现大量的排放追溯申请，因而可能需要对申请做审批优先排序。

陆地上和大气中的活动对水环境影响很大。水循环需要3种介质。在过去，对这些介质产生影响的活动的管理是分别进行的，从而产生了各种不同的许可证和要求，在有些情况下，管理上出现重复或缺口，并且导致了官僚主义风行，对有多种环境排放物的企业造成了损害。

环境监管费用昂贵，可能会被企业认为是负担，尤其是那种没有从保护环境上直接获益的企业。根据工业活动中所使用的原料本身具有的风险、经营者以前和现在的守法表现，监管重点应放在这些风险最高的企业上。

由于不同的监管体制间缺乏交流和/或监管不力，无道德的经营者也许会试图避免监管义务。例如，通过大烟囱排放更多的污染物，而不是在工业废水处理厂里通过冲洗和处理向河道排放净化水并产生用于处理或再循环利用的污泥。

人们普遍认为通过鼓励正确行为而不是强迫实施这些行为最有可能实现可持续发展。但是，一个强有力、公正，由严格强制执行支持的监管制度才是促使企业快速采取正确行为的公认的举措。

18.3 许可证制度的法律依据

1995年英国环境法将主要行政权从大臣（中央政府）转而委托给了环境署（非政府部门公共机构）。环境署是负责环境保护的机构，由政府成立，但独立于政府的直接管辖，执行一定范围但不是全部的欧盟国家环境义务。这种独立性减小了政治干预环境决议的可能性。

《环境许可法规》及相关指令和国家方针政策确定了需要许可证或需要登记的排放活动或类型（登记用于因环境风险较低从而受一般约束性规定制约的标准类型的活动或排放。其要求不像许可证手段那样烦琐，因此对于经营者和监管部门而言，行政管理费用要便宜）。未经许可或登记就开始排放即属违法。不遵守许可证或登记要求进行排放即属犯法。引发或故意放任水污染发生也属犯法。

英国《环境许可法规》（2010）的网站链接为：http://www.legislation.gov.uk/uksi/2010/675/pdfs/uksi_20100675_en.pdf。

附件6是其pdf格式的副本（附件6——Environmental Permitting Regulations 2010）。

环境许可法规要点指导文件的第2章（http://archive.defra.gov.uk/environment/policy/permits/documents/ep2010guidance.pdf）中概括了相关要求。

附件6是其pdf格式的副本（附件6——Environmental Permitting Core 2010）。

18.4 环境许可证制度

在英格兰和威尔士，IPPC、废弃物和水监管体制已经整合到《环境许可法规》的管辖下，《环境许可法规》为所有的环境许可证提供了共同的基于风险的灵活许可和守法平台，同时包容了每种法律体制的所有特定要求。因而，对于一家大型综合性企业而言，可以获得一张单独的环境排放许可证，涵盖不同介质的排放物，并能符合其经营适用的所有环境监管体制中最严格的部分。另一方面，监管方法的整合使得低风险的排放行为可以通过登记的手段实现较低级别的监管。

《环境许可法规》为环境排放物的监管提供了健全的框架，在此框架下容纳了监管部门和企业的高级和具体的指导文件和程序。图18.1和图18.2为《环境许可法规》的层次结构，选自环境、食品和农村事务部（Defra）的咨询会议资料。

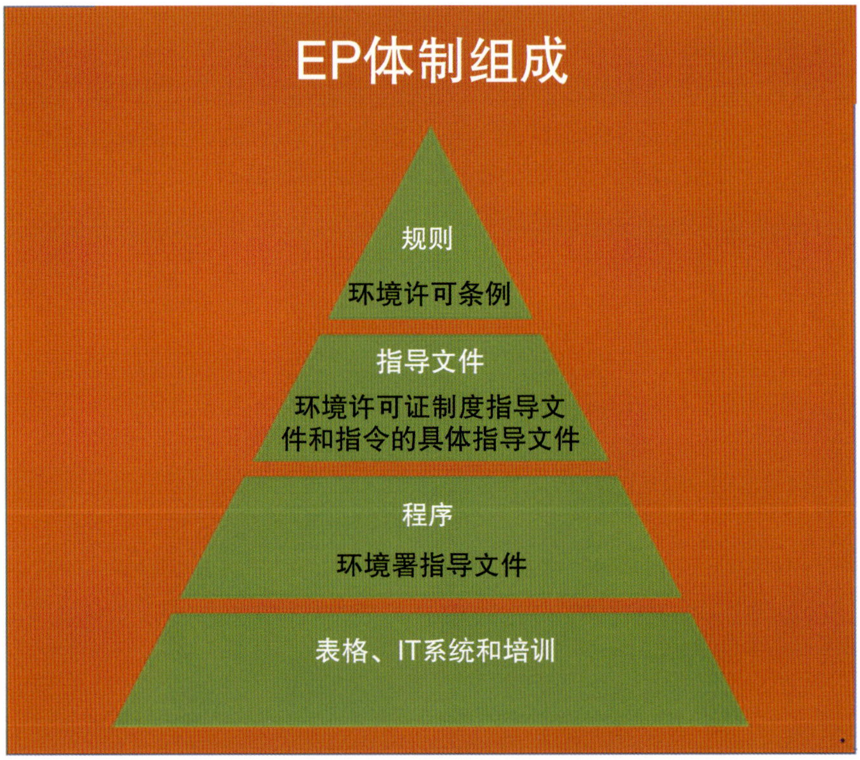

图18.1 环境许可证制度的层次结构

政府的指导文件为那些经营者、监管部门或对《环境许可（英格兰和威尔士）法规》（EPR）所涵盖的活动感兴趣的人提供帮助。环境许可证制度要点指导文件旨在简要解释《环境许可法规》是如何运作和实施的。

该易读、简明的指导文件替代了过去水、废弃物和IPPC体系冗长的指导文件。

主要的政府环境许可法规（EPR）指导文件是《环境许可法规要点指导文件》，并由关于每个欧盟（EU）指令的EPR详细指导文件支持。

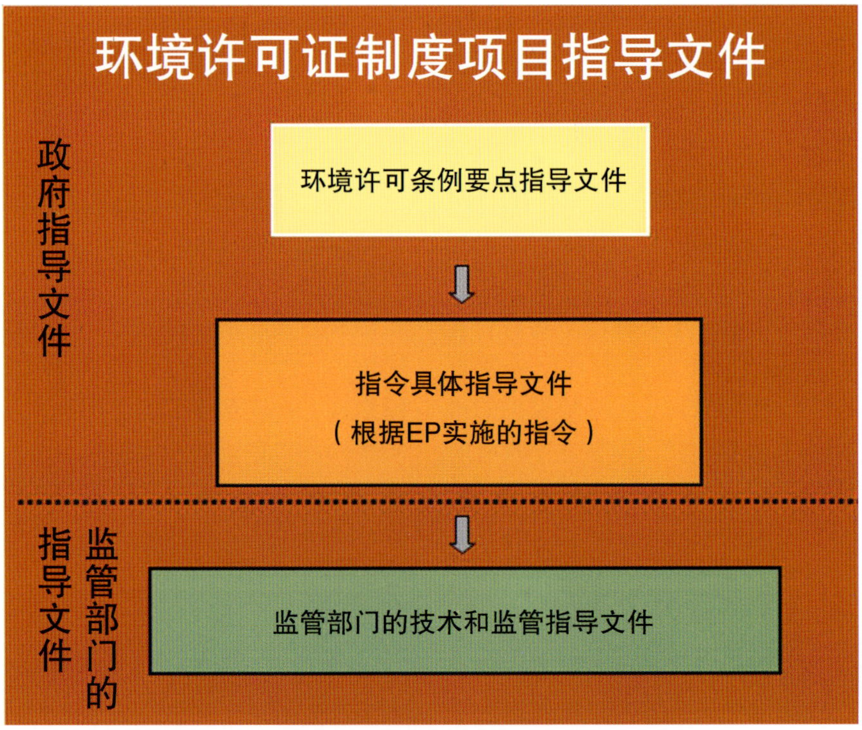

图18.2 环境许可证制度项目指导文件的层次结构

以下为环境许可法规政府指导

文件的网络链接：

http://archive.defra.gov.uk/environment/policy/permits/documents/ep2010guidance.pdf

http://archive.defra.gov.uk/environment/policy/permits/documents/ep2010booklet.pdf

以下为适用于监管单独排水活动（即排放为非PPC或与废弃物有关的排放）的政府指导文件的网络链接：

http://archive.defra.gov.uk/environment/policy/permits/documents/ep2010waterdischarge.pdf

http://archive.defra.gov.uk/environment/policy/permits/documents/ep-groundwater-activities.pdf

附件6中有政府指导文件：

要点指导文件：附件 6——ep2010guidance.pdf

手册：附件 6——ep2010booklet.pdf

环境许可法规排水活动：附件 6——ep2010waterdischarge.pdf

环境许可法规地下水活动：附件 6——ep-groundwater-activities.pdf

图18.3为《环境许可法规》的概念性结构。

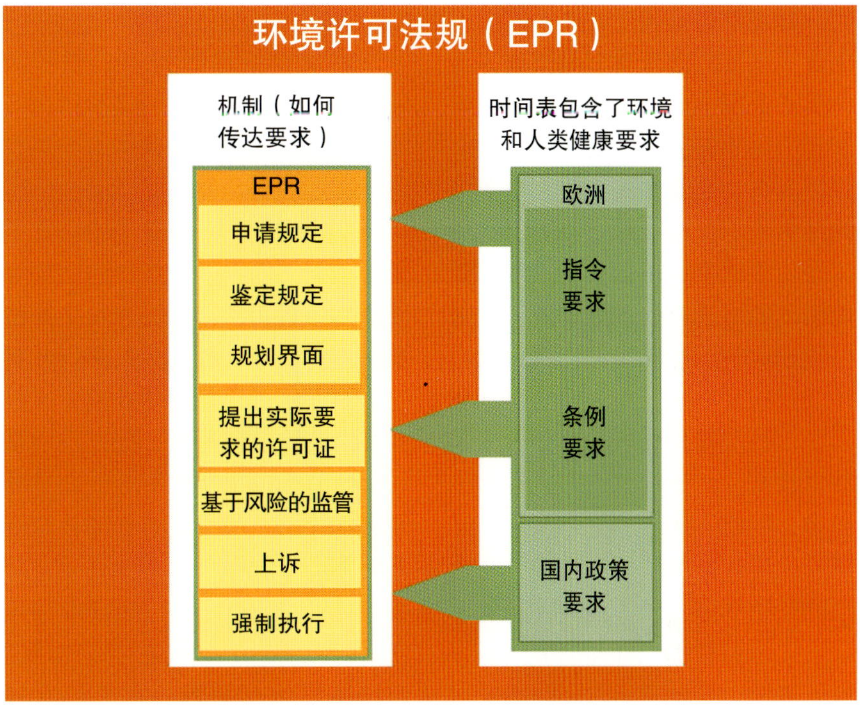

图18.3 《环境许可法规》的概念性结构

18.5 定制许可证、标准许可证、豁免登记、一般约束性规定

对于可能造成污染的排放，EPR提供了4种基本的法规控制机制，选择哪种机制要根据对当地环境所造成的风险来决定。

最严厉的机制是定制许可证，许可证排放的条件要与包括投入和运营在内的活动的性质相适应；与排放物的性质、体积和成分相适应；与受纳水体的要求相适应。大多数排放工艺废水的大型工厂都适用这种体制，监管的确切范围依据企业部门所适用的那些指令而定。需要从几个方面对企业和受纳环境进行具体风险评估。监管部门利用这些评估资料制定一份综合许可证，其中包含的条件可限制污染风险或受纳水体水质类别不达标情况的发生。如果正当的申请被监管部门拒绝，或强加了经营者不能接受的条件，经营者可向大臣或大臣的指定人申诉。上诉裁决结果对双方均有效。未经许可就实施规定活动即属犯法。不遵守许可证条件亦是犯法。

环境、食品和农村事务部（Defra）以下内容中列出了定制许可证的范围和要求：《环境许可法规要点指导文件》第2～7章的引言、哪些设备需要环境许可证、监管部门、环境许可申请、申请程序和确定申请等章节，以及第9～14章的运营者能力、咨询和公众参与、守法评估、强制执行和审查、收费、上诉、公共登记簿和信息等章节。

附件6 中有上述文件的内容（附件 6——Environmental Permitting Core Guidance）。

标准许可证授予环境风险低但仍需许可证的常规类型的排放，因此需要进行全国范围的风险评估来制定适用于各类排放的规则。大多数情况下，监管部门根据公开咨询的结果确定标准规则。然后依这些规则形成标准许可证。如果经营者能够证明可遵守这些标准规则，则可选择申请标准许可证。因为风险评估仅进行一次，对于标准许可证而言，行政管理成本较低，所以收费也较低。由于标准许可证是自愿申请，因此不能对其进行上诉。经国家风险评估被认定为特别易受污染的受纳水体，不予颁发标准许可证。如果监管部门已经批准标准许可证申请，经营者未遵守标准规则的要求即属犯法。环境、食品和农村事务部（Defra）《环境许可法规要点文件》的第8章给出了关于标准许可证要求的详细资料（附件6——Environmental Permitting Core Guidance）。

豁免登记可适用于根据国家风险评估和行业良好的实践做法实施的低污染风险的活动，但如果未遵从良好的实践做法，活动会产生风险。《环境许可法规》中确定了全国范围内符合登记条件的活动等级。由经营者把某地正在发生或将要发生的、经营者同意按照行业良好实践做法进行的活动登记形成报告书向监管部门上报。登记可以是一次性的或可定期更新的，而且需要支付费用。对于受纳水体被认定为易受污染的情况，不予登记。对要求获得豁免登记的，未获取豁免登记的即属犯法。未遵守豁免登记的也属犯法。环境、食品和农村事务部（Defra）《环境许可法规要点指导文件》第15章给出了关于豁免登记要求的详细资料（附件6—— Environmental Permitting Core Guidance）。

一般约束性规定直接适用于基本法或派生法（条例）中的经营者。一般约束性规定适用的活动，其风险要低于需豁免登记的活动，但该活动仍需要正确的建造、管理和维护。英格兰和威尔士（迄今）还未使用一般约束性规定，但在苏格兰，对于小型污水处理厂和地表水排放系统，由苏格兰环境署（SEPA）执行的《受管制活动条例》允许对他们实施一般约束性规定。如果这样的活动遵守条例中的规定且不会造成污染，即属合法。因此，也无须报告监管部门。

关于《受管制活动条例》（CAR）和《受管制活动条例的实践指导》，见SEPA网页的链接 http://www.sepa.org.uk/water/water_regulation.aspx。

附件6中有CAR实践指导（附件6——CAR a practical guide）。

18.6　工业废水允诺书

还有一类许可是由废水处理厂针对排放到公共排水系统的工业废水颁发的许可证。经城镇生活废水处理系统处理的尾水或暴雨污水溢流受环境许可证管辖。废水处理厂因此需要保证排到下水道中的工业废水不会违反环境许可证的规定。本手册第20章中进一步论述了工业废水同意书。

18.7　环境许可证制度——优点和缺点

从环境监管历史看，总是在政府看到活动已经造成了环境损害或公害，需要进行管制，然后才开始有所反应并零星地实施环境监管。国家级监管及欧洲级监管都是这种情况。

英国的环境立法至少回溯至150年前，其结果是产生了要企业通过并遵守的各式各样数目繁多的法规。不同的监管体制常常有重叠或互相矛盾的内容。

政府认识到大多数环境许可证可在共同框架下管理，为了简化环境管理，环境、食品和农村事务部（Defra）于2003年设立了环境许可证项目（EPP）作为几项优化管理举措之一。

当时设立项目的目的是通过为所有英格兰和威尔士的环境许可证建立共同框架来减少监管行政负担，提高经营效率和监管效率。因为监管职能重叠给地方管理机构、环境署和被监管企业带来了一些问题，所以当务之急是合并IPPC和废物监管许可体制。

因此，出台的《环境许可法规》（2007）仅针对废弃物和IPPC体系。它为这两种体系引入了共同的许可平台，完全符合废弃物框架和IPPC指令要求，大大减少了企业的监管行政负担，同时确保有效地保护环境。

下一个阶段是在许可证框架中纳入地表水（排放允诺书）排放、地下水（地下水授权证书）排放和非放射物质排放。《环境许可法规》（2010）成功地做到了这些。

政府正在考虑进一步把取水监管制度纳入《环境许可法规》（EPR）框架的管辖范围内。环境、食品和农村事务部（Defra）网站提供了许多关于优化管理举措的目的、范围和内容以及关于EPR发展详情的详细资料。

环境、食品和农村事务部（Defra）环境许可证制度项目网页链接为：

http://www.defra.gov.uk/environment/quality/permitting/

环境、食品和农村事务部（Defra）优化管理网页链接为：

http://www.defra.gov.uk/corporate/about/how/regulation/

《环境许可法规》（EPR）主要优点有：

- 通用的申请和许可证模板。
- 标准化的指导文件和方法。
- 确定和强制执行许可证条件时较小的区域差异。
- 平台并不限于单个监管部门使用，可以扩充供其他监管部门使用。
- 鼓励监管部门发展通用数据系统，提高效率。
- 将基本运作费用转移至一般费用框架。

实施《环境许可法规》（EPR）的劣势或明显的缺陷包括：

- 根据以前的监管制度颁发的许可证（遗留许可证）需要更新成EPR模板。尚不清楚监管部门是否有足够的资源一次性快速完成这项工作。
- 对个体经营者而言，由于标准表格必然包括所有的监管项目内容，而具体案例中可能只涉及其中的几项，常规的申请程序显得有点复杂。
- 尽管预先设计的菜单驱动式电子表格可能使得申请程序容易些，但人们还是认为目前的申请程序不便使用。
- 非法律专业人士难以读懂和领会《环境许可法规》中的复杂法律用词和复合结构。

19.英国环境署指导文件

19.1 环境许可证制度指导文件

为了帮助环境署员工领会条例且为了许可证申请人和公众的利益，环境署已经公布了一套内容广泛的建议和指导文件。这可以从环境署网站的工商业网页上获得：

http://www.environment-agency.gov.uk/business/default.aspx

工商业网页的子栏目中突出显示了指导文件中一些比较重要的方面。环境署已经公布了一系列一般性指导和行业具体监管指导文件来方便根据EPR的规定进行许可程序。可以通过环境许可证制度指导文件上的EA网页逐级访问本指导文件的内容：

http://www.environment-agency.gov.uk/business/topics/permitting/32320.aspx

附件8中给出了该网页（附件 8——Environmental Permitting Guidance - EA Web Page）。

指导文件分为不同层次，包括：

- 适用于所有许可证申请人的一般性介绍——“如何遵守环境许可证的规定”；
- 行业具体技术指导文件；
- 适用于跨行业的平行指导文件；
- 关于EPR政策和解释的监管指导文件说明；
- 申请指导文件；
- 收费指导文件；
- 评估活动的环境风险——运行风险评估（OPRA）。

引导文件为“如何遵守环境许可证的规定”。

http://publications.environment-agency.gov.uk/PDF/GEHO0411BTSP-E-E.pdf。

附件6中给出了这份文件（附件 6——How To Comply With Your Environmental Permit）。

它包含了关于许可证条件的指导，描述了标准许可证持证人需要了解的基本标准。定制许可证申请人会找到他们所需的基本信息，但他们也要参考其他有关的技术指导文件。指导文件分成三部分：

第1部分：针对所有活动的指导。

第2部分：分成5个单独的部分，为不同类型的受监管设施提供指导。

第3部分：补充指导文件，它可与活动有关，如监测。

环境署网站上列出了行业具体技术指导文件（主要针对PPC和废弃设备，但是有涵盖“排至地表水和地下水中的排放”以及“地下水”内容的单独文件）。

http://www.environment-agency.gov.uk/business/topics/permitting/32320.aspx Further more detailed guidance on the requirements for water quality planning and discharge permits is also given， referred to in Chapter 20.2， below

以下为行业具体指导文件：

- 畜牧业（猪和家禽）
- 采矿废弃物
- 向地表水和地下水的排放物
- IPPC废弃物处置和储存
- 纸、纸浆和纸板生产
- 食品和饮料

- 化学品
- 废弃物焚烧
- 能源——燃气、液化和炼油业
- 印染
- 金属生产和工艺
- 焦炭和钢铁
- 水泥和石灰
- 燃烧和发电
- 地下水
- 垃圾填埋
- 放射性物质——核能
- 放射性物质利用
- 医疗废物

附件8提供了网页上所列出的一些指导文件和技术文件。

平行指导文件包含:

- 环境风险评估
- 能效
- 噪声
- 气味
- 场地条件报告指导文件
- 环境管理系统

平行指导文件的EA网页链接为:

http://www.environment-agency.gov.uk/business/topics/permitting/36414.aspx

附件8中提供了网页内容和指导文件下载链接，可以从此链接访问(附件8—— Horizontal Guidance EA Web Page)有关内容。

环境风险评估的平行指导文件H1，对确定排到水中的污染物的排放限值尤其重要。H1、附件D和E为“基本”活动和“复杂”活动提供了确定排放限值的工具。

监管指导说明(RGNs)提供了与执行《环境许可法规》有关的政策和法律问题的环境署指导文件。监管指导说明是对环境署执行条例的方法的高级指导说明。这些说明位于政府指导文件的下面。

现行的监管指导说明(RGNs)包含:

- 了解经营者的含义;
- 了解被监管设施的含义;
- 确定申请材料是否适当和补充资料的要求;
- 设立环境保护标准;
- 经营者竞争力;
- 确定公共利益高的场所;
- 向国务大臣或威尔士事务大臣上诉;
- 运转中的设备、采矿废弃设施和其他与溶剂和燃烧有关的设施运行上的重大变化;
- 许可证的放弃;
- 处理经营者死亡、财政困难或注销事宜;
- 强制执行能力;
- 许可证的法定定期审查;
- 废物回收定义:将废物永久堆放在土地上;
- 了解垃圾填埋指令。

这些监管指导说明(RGNs)的网页链接和下载文件可以访问附件8中的网址(附件8——Regulatory Guidance Series - EA Web Page)。

英国对生猪和家禽集中式养殖业的监管已经引起了争议，这是因为这个行业以前实质上未进行监管，经营者对环境要求的了解很少。考虑到本行业内的监管经验水平和专门技能普遍较低，环境署已经付出了相当大的努力来尽可能地让农场主清楚地明白这些指导文件和操作指南。不过这个行业所面临的这些问题还是相对简单的，因此行业指导和有效果的实例可以帮助理解复杂的IPPC监控程序。

附件中有现行的环境署(EA)集中式养殖业指导文件的全部内容，可以访问这些链接。

附件 8 ——EA Web Page Intensive Farming Home page。

附件 8 ——Environmental Permitting and How to Comply Guidance Intensive Farming - EA Web Page.docx。

19.2 集约农业排水活动指导文件

环境署在其网站上为其工作人员提供了极其详细的内部WQ指导文件的公开版本（http://www.environment- agency.gov.uk/business/topics/water/116476.aspx），标题是“水质文件”。该网页包含了水质规划、许可、监测和守法等详细指导文件的链接。附件5中是该网页的Word文件，内嵌有文件的网页链接以及下载网页或文件的超链接（附件5——Water Quality Documents – Surface water and Groundwater – EA Web Page.docx）。

指导文件包含三个截然不同但有联系的过程——水质规划、排放许可以及监测和守法评估。从每一过程的过程图上能辨别出监管活动和任务的顺序或序列，并且有与此相关的具体指导。这些过程图包含了环境署网站上的文件的内嵌网页链接。

尽管对PPC设备和废弃设施的通常为规定性的要求频繁传达着比仅仅达到EQS所需要的更严格的排放标准，但排水活动指导文件的三个部分却用来衡量排放是否是单独的。每一个部分都有其自己的计划—实施—审核—评估循环，同时与其他的部分相互配合并且形成更大规模的“环境保护”计划—实施—审核—评估循环的综合监管执行部分。

图19.1为水质规划、许可证制度和守法之间的关系。

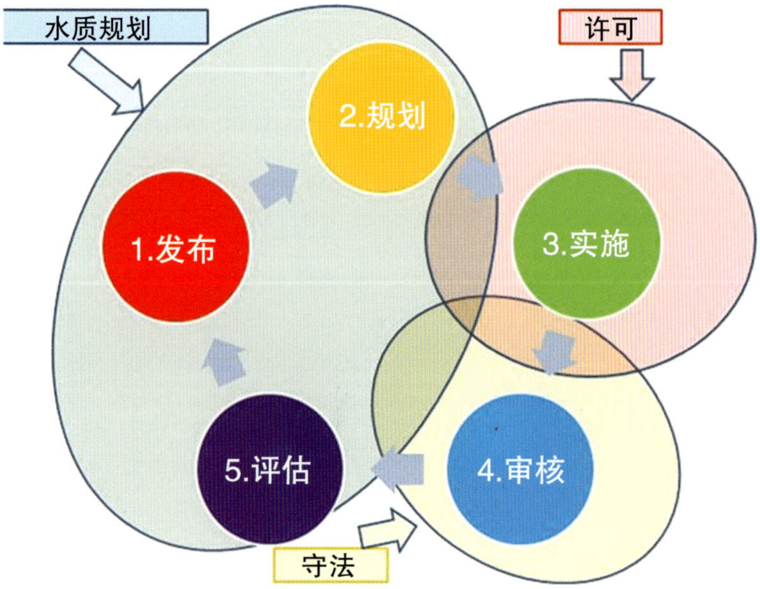

图19.1 水质规划、许可证制度和守法之间的关系

19.3 水质规划过程

水质规划包括几个步骤，这几个步骤最好按顺序进行，但在实践中常常是并行的，与许可和守法过程协调统一。

- 确认水体使用功能、目标和指标（参见下面内容）；
- 确认利益实体或有关属性，并监测其水体；
- 评估和报告水体符合水质类别和状况要求的情况，包括任何不符合许可证要求的情况；
- 确定和报告不符合水质或状况要求的原因；
- 制订并评估解决方案；
- 制订并执行行动计划；
- 审核并汇报规划的成果。

确定使用功能、保护目标和指标（UOT）是WQ规划程序的第一步，也是最重要的一部分。为了设计现行良好状况的维护或补救措施，监管部门需要确定目前流域水环境的法定使用功能，明确必要的措施以有助于促进水环境的可持续使用并达到良好状况的目标。这就可能涉及水的限制使用，或纠正威胁到该使用功能的其他活动。

这就意味着把水环境的使用功能（如根据淡水鱼指令，因经济上重要的物种需要保护而指定的使用功能）与指令成果（如可持续稳定的鱼类种群）联系起来，并意味着需设立在规划时期内拟达到的水质指标。规划循环的成果可能是“达到良好状况”，或可能是“向着良好状况改善”，这取决于在水框架循环的6年内从目前水质达到预期水质的难度。WQ指标可以用有关指令中制定的水质标准（如淡水鱼保护区内所要求的限值）表示。

水质规划过程图中描绘了整个过程，可从网络链接访问该程序图：

http://www.environment-agency.gov.uk/static/documents/Business/Water_Quality_Planning__document_map_web_V4.pdf

附件5中有下载文件（附件5——Water_Quality_Planning_document_map_web_V4.pdf）。

过程图包含了图中参考的详细指导文件的网络链接。还可以从水质文件网页下载查看这些文件（附件5——Water Quality Documents - Surface water and Groundwater - EA Web Page.docx）。

实证性环境指标

人们对许多常规污染化学品的生物学影响和效应有着充分的科学认识，但对大多数合成化学品知之甚少。由于监管部门制定水质规划和许可的目的是设立地方水质标准，它要求对水生生物和水生依赖性生物的急慢性致毒机制有充分的认识。在不清楚某物质的毒性机制的情况下，可以采用预防性水质标准，通过实验得到某物质对某些生物的致死浓度或存活浓度，该标准就是这个浓度的多倍稀释值。因此，对于一种新合成的物质，如果实验室的造成鱼类死亡的浓度为1 mg/L，那么为了防止出现这种情况而采取将其稀释到1 000倍的措施，预防性水质标准就是0.001 mg/L。通过更多的调查和数据可确定是预防过度还是预防性不足，从而对标准进行修正，就可以据此制定许可证。

大多数法定水质标准（即指令标准）已经过了缜密的同行审查。然而，许多法定水质标准所限制的物质安全因子的数量级仍然是相当大的数量级（×10，×100等）。这些标准的优点是他们有可能为受纳水体提供高度保护，并且在排污者目前难以达到所要求的排放限值时促进排污者进行技术创新。而不利的一面是，如果标准太严格，就可能阻碍经济发展，并导致制造工艺和废水处理工艺消耗能量过多。

所以，为了验证标准是否设立在合适的水平，需要确保不定期审查标准的有效性、查看排放数据和收集下游排放的环境监测数据（水质和生态学数据两种）。严格遵守第1章及以上篇幅中所述的水质规划循环的规定应该能保证达到此目的。因为是概括性内容，所以循环的“评审”部分是最不完备的。

大多数指令都有实施的时间范围，在此期间内，成员国的水体必须达到所要求的标准。欧盟委员会必须高度关注较晚才能达标或不能达标的水域。对于已达标的水体，很少会对其进行评估以审查标准是否设定得当。

关于许可证的申请或申请前的探讨，监管机构首先要考虑的是在建议排污地点设立当前水量（流量）和水质信息库，如年最大值和最小值、平均值、中位数和95百分位数，同时确定任何目前实施的或经过许可但还未实施的排水或取水的影响。对于主河道（及其一级和二级支流），根据指令要求，法定水质标准或要求都可能适用。如果水体已达标，监管部门的工作是确保许可证不会威胁到未来的达标情况。如果受纳水体目前不达标，监管部门需要评估不达标的可能原因、拟采取的补救措施、完成时间、新的排放可能对下游水质达标所造成的影响。

19.4 排水许可证管理流程

排水许可过程在某些阶段与水质规划和守法情况的输入相接续，有以下步骤：

- 开发商确定排放需求。
- 通过申请前的讨论来确定开发商提案的环境限制条件，并允许开发商评估排放控制方法。
- 开发商提出正式申请，正式申请在核查资料完整并支付合适的费用后即为有效申请。将申请的详细资料录入到登记簿上。
- 发布申请，由监管部门通知指定咨询人员。
- 由监管部门对许可证条件进行技术鉴定，同时考虑对公告和咨询的反馈意见。可能要求申请人补充资料。
- 审核技术分析，确定最终许可证条件。
- 向申请人签发许可证，许可证和决议文件资料录入登记簿。
- 如果申请人不同意许可证条件，可向独立监察机构上诉要求更改许可证条件。
- 如果申请人同意许可证的条件，就可以根据许可证中的条件开始排放，这些条件包括排放水质和水量的监测和报告等信息，这些信息是监管部门认为评估守法所必需的。
- 根据水质规划循环时间尺度，可定期审查许可证，检查排放执行情况和是否达到预期受纳水体水质。审查可能会造成许可证条件的改变，可对此进行上诉。
- 倘若排污者所有人身份改变，可将它转移至新的所有人。
- 倘若不再进行排放，许可证要被废除。

该过程概括在图19.2中。

许可过程图描绘了整个过程，可从网络链接访问该过程图（http://www.environment-agency.gov.uk/static/documents/Business/Permitting_WQ_ document_map_V6.pdf）或查看附件中的下载文件（附件 5——Permitting WQ document map_V6.pdf）。

过程图包含了图中参考的详细指导文件的网络链接。还可以从水质文件网页下载查看这些文件（附件 5——Water Quality Documents – Surface water and Groundwater – EA Web Page.docx）。

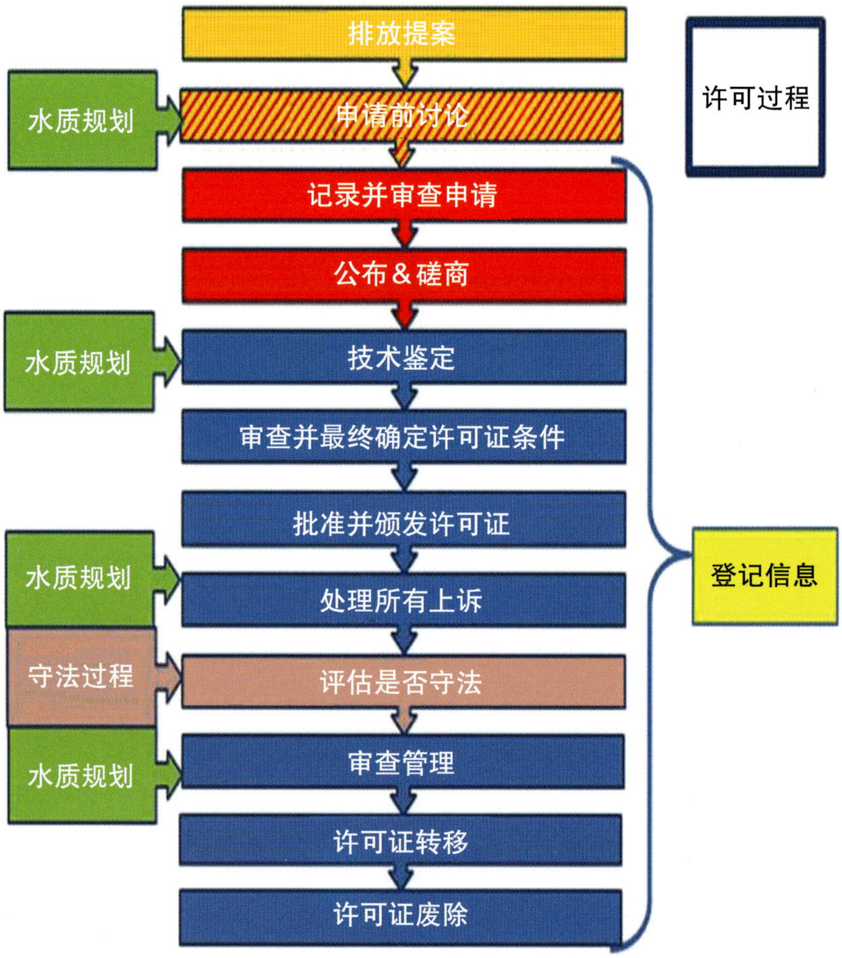

图19.2　排水活动许可过程

19.5 守法过程

EPR指导文件列出了大多数的排水守法行为——如何遵守环境许可证的规定（附件 8——How to Comply with Your Environmental Permit ）以及如何遵守排水环境许可证和地下水活动许可证的规定（附件 8——How to Comply with Your Environmental Permit WQ_TGN_7.01.pdf）。

关于单独排水活动许可证的遵守情况，指导文件包括：

- 描述性许可证的守法评估
- 数值型许可证的守法评估
- 城市生活废水处理指令要求
- 紫外线（UV）消毒守法评估
- 流量计量
- 地下水排放守法评估
- 经营者自我监测
- 经营者执行风险评估（OPRA）
- 守法评估规划
- 守法情况分类方案（CCS）

守法过程文件图指出了守法的这些方面，可从网络链接访问该过程图（http://www.environment-agency.gov.uk/static/documents/Business/Compliance_WQdocument_map.pdf）或查看附件中的下载文件（附件5——Compliance_WQdocument_map.pdf）。

过程文件图包含了图中参考的详细指导文件的网络链接。还可以从水质文件网页下载查看这些文件（附件5——Water Quality Documents – Surface water and Groundwater – EA Web Page.docx）。

守法评估可确认不遵守的情况，假使出现这种情况，可能需要某种形式的强制执行。第25章论述了强制执行。

19.6 申请许可证

应用环境署规定的表格来申请新的定制或标准许可证，或改变、转移、放弃许可证。由于该表格对各类型的许可活动均适用，因此非常复杂，页数很多。表格被分为多个部分，特定的行业、场所或排放类型只需要其中的一些内容。

可访问附件8 下载网页和文件（附件 8——Making An Application – EA Web Page.docx）。文件中的链接是不同申请类型的样本。针对小型生活废水处理厂的简单排水许可证的申请见：Appendices\Appendix8\Example bespoke application forms SW and GW – EA Web Page.docx。

环境署网站有如何填写表格的指导文件：

http://www.environment-agency.gov.uk/business/topics/permitting/32318.aspx

19.7 许可过程——关于环境影响以及将环境影响降至最低的方法的申请前讨论

为了开发商和运营商的最大利益，在规划阶段，最好是在作出任何重要决定之前尽早与监管部门联系。监管部门应使得环境资料容易被未来的许可证申请人获得和理解，并免费提供关于合格申请应有的信息的意见。提供监管意见和提供咨询服务的部门要划分清楚。过去没有进行申请前讨论，对企业而言，会导致不利的且代价高昂的意外事件，对监管部门而言，会造成多余的工作量。通常，监管部门会在初始的限定期间免费提供建议和信息，但如果在应对未来排放要求或提供环境信息时的工作量很大，那么监管部门就可能向申请人收取费用。

英国环境监管部门为可能对环境有影响的中小型企业提供了广泛的支持和大量的资料。英格兰和威尔士以及发达地区的政府商业支持网站上有他们的信息。由于这些信息全部都是基于网页的资源，因此没有将来自网页的文件附加到本报告的附件中。这些网页为非专业人士介绍了中小型企业的环境监管的范围，并指明从哪儿可以得到建议。

以下网站可以查询环境课题指导文件和化学品制造商、纸业和纸板制造商以及金属生产和加工企业指导文件。

- 英格兰——Business Link: Environment and efficiency
- 北爱尔兰——NIBusinessInfo: Environment and efficiency
- 苏格兰——Business Gateway: Environment and efficiency
- 威尔士——Business.Wales.gov.uk: Environment and efficiency

环境署网站有针对其他中小型企业部门的资料：

http://www.environment-agency.gov.uk/netregs/

它包括由商业部门提供的指导文件、由环境课题提供的指导文件和环境立法信息。所有这些信息会在一定时候转至政府商业网站，Netregs网站将会关闭。

环境署在其网站：http://www.environment-agency.gov.uk/business/topics/permitting/121923.aspx上为未来的环境许可证申请人提供了大量的建议。

附件8有该网页和相关的排放许可证指导文件（附件 8——Help with your application - EA Web page.docx）。这些网页内容已经下载作为Word文件，文件中内嵌有更多的环境署网页或文件网络链接并注有下载网页或文件的超链接。“如何完成环境许可”见附件8。

环境署向未来申请人提供了申请前流程图，流程图中指明了有关的关键区域，并概括了申请定制许可证还是标准许可证申请、是否适用豁免登记、是否需要直接申请等需考虑的问题。网络链接：

http://www.environment-agency.gov.uk/static/documents/Business/pre-application_flow_chart.pdf。

附件6中有申请前流程图（附件6——pre-application flow chart）。

环境署也向申请人提供了有关如何填写申请表的指导意见，其中IPPC和废弃物堆放场地的申请表尤为复杂。网络链接：

http://www.environment-agency.gov.uk/static/documents/Business/EPR_hints_and_tips.pdf

附件6中有EPR指导意见（附件6 —— EPR hints and tips）。

环境署提供了表格样本和评注以帮助申请人申请某些类型的排放和活动。引导网页的网络链接：

http://www.environment-agency.gov.uk/business/topics/permitting/119805.aspx

样本表格包含：

- 排放至地表水和地下水中的排放定制申请。从此链接查看详细资料和文件（附件 8——Example Applications SW and GW From EA Web Page）。
- 未进行地表水或地下水（排入土中）登记的定制申请。从此链接查看详细资料和文件（附件 8——Example application forms for a failed registration.docx）。
- 集中式养殖业。从此链接查看详细资料和文件（附件 8 ——Example applications Intensive Farming docx）。
- 标准规则许可证。从此链接查看详细资料和文件（附件 8——Apply for Standard Permit - EA Web Page.docx）。
- 环境许可证申请帮助文件。从此链接查看详细资料和文件（附件 6——Example environmental permit applications.docx）。

19.8 风险评估

环境风险评估绝对是许可和执行监管的基本部分。它为所有的监管决策打下基础，如果实施得当，就能确保监管富有成效，保证监管的力度与活动或排放对水环境所造成的长期、中期和短期风险相称。

环境风险管理的循环框架必须提供决策者要考虑的一系列复杂问题的结构关系。框架也要有向利益相关者解释环境风险评估和管理程序的机制，并作为风险评估多学科团队的有用的备忘录。该框架指出了风险评估的四个主要部分：①阐述问题；②进行风险评估；③可用的管理方法识别和评价；④提出风险管理策略。

环境风险评估和管理的主要部分总结如下：

- 风险问题最好由多方面的利益相关者上报。
- 当风险问题突出时，应该确认潜在威胁的来源、途径和受体。
- 制订评估计划，概括评估的数据要求以及数据收集和合成所需的方法。
- 首先对初期风险筛查和优化，然后分配评估的资源。在评估之初识别危害，应清楚地界定出对有关环境造成的损害。
- 估计危害的潜在后果并计算影响的概率。
- 利用所收集的证据来判断风险的重大性。

由环境、食品和农村事务部（Defra）于2011年11月公布的《绿叶3，环境风险评估和管理指南》提供了环境风险评估的详细指导文件：

http://www.defra.gov.uk/publications/files/pb13670-green-leaves-iii-1111071.pdf

附件6中有pdf文件（附件 6——Green Leaves 3）。

19.9 申请费用和基本运作费用

排污者付费是基本的原则。因此，对于从事受监管活动的经营者而言，对监管部门在申请和作决策时所花费的监管成本以及监管部门为许可排放的运转所做的工作支付费用也是合理的。相对于经营者在监测活动和排放以及向监管部门提供信息时所发生的费用，这些费用是额外的。

不过，公众也会通过受监管活动提供的商品和服务从经营者那里受益。社会从受监管活动的产出中受益，所以监管成本中也有“公益”部分或费用。并非所有监管负担都由经营者承担。

有效的许可证将一部分环境同化容量分配给了排污者。没有许可证，经营者就不能合法地继续经营，因此许可证对企业还是有很高的价值，尽管它本身不可交易（企业出售后许可证可随之一并转让），但作为该过程所用的原材料，其重要性等同于赢得利润。

由首席大臣批准的监管部门的收费方案原则放在环境、食品和农村事务部（Defra）《环境许可法规要点指导》的第12章（附件 6——Environmental Permitting Core Guidance 2010）。网页：http://www.environment-agency.gov.uk/business/regulation/31857.aspx提供了现行的（2011.12）环境署收费方案的详细资料。网页：http://www.environment-agency.gov.uk/business/regulation/31857.aspx提供了排放到地表水体和地下水中的污水排放收费明细。

附件8中有从这些网页和一些与其链接的文件下载的资料（附件 8——Charge Details -EA Web Page）。

附件6包含环境署的2011.12情况说明书的收费明细（附件 6 ——EP（discharge to surface water）fact sheet 2011-12）以及完整收费方案（附件 6——EP Charging scheme and guidance 2011-12）。

19.10 监测和监察

监测对大多数生产工艺有益，可确保制成品的质量达到顾客的要求，并保证原料不会过度浪费。企业很熟悉所需的相关管理和监测技术。

这些原理同样适用于工艺废水处理厂的排放。这里"顾客"是受纳水体环境。制成品有：

- 符合许可要求的废水；
- 进行深度处理循环或最终处置的废污泥。

经营者需要监测进入废水处理厂的废水以确保不会超出处理厂的处理能力而形成不合格污染物的排放，或造成不符合许可证条件的排放。经营者需要监测废水处理系统工艺从而确保这些工艺在设计参数内操作并保证最大效率。监管部门可另外规定经营者必须连续或定期监测并记录废水排放的特定成分。一般这些特定成分包括以连续或相对高频率取样的流速、pH值、温度、浊度、传导率、溶解性的有机碳、化学需氧量、溶解氧和氨氮，而对于不太容易直接监测的成分如金属、药剂和杀虫剂等取样的频率则较低。

监管部门维持许可证制度运转的主要职责是检查是否已经提供工艺和排放所需的信息，排放是否遵守许可证的条件，如果不遵守，要确保采取措施（包括依法强制执行）尽快在切实可行的范围内保证遵守许可证条件。经营者根据许可证条件提供的信息，以及监管部门在执行许可证的规定所采取的任何措施都要录入公共登记簿。

企业应与监管部门一起基于排放风险评估的结果提前规划，把精力放在效能审核、例行检查和风险评估的审核上。执行力差的企业相反可能需要付出大量的精力来调查突发污染事件以及回应公众投诉。这可能会将监管部门的精力从计划好的项目中转移走。在此种情况下，这会强有力地促使监管部门快速实施法律强制执行从而让许可证执行走上正轨。

19.11 运行风险评估

环境署针对特定的行为引入了正式风险评估程序——运行风险评估（Opra），从而使它将资源集中到最需要的地方，并根据监管工作量向经营者收取费用。但因为现行的排放收费方案包含了环境风险因素，所以运行风险评估还不适用于单独排水活动（如其他体制中不包括的大多数的生活污水和工业废水，这些最近已经被纳入EPR管辖范围内）。环境署网站对Opra方案的简要概述：

http://www.environment-agency.gov.uk/business/regulation/31827.aspx。

该网页链接到几个Opra解释性文件和环境署的收费方案。

下列部分摘选自EA网页，是转述内容：

http://publications.environment-agency.gov.uk/PDF/GEHO0410BSFA-E-E.pdf

为了保护环境，监管部门需要能够将其更多的精力投入到风险更高的活动和较差的执行者身上。运行风险评估（Opra）是一种帮助监管部门保护环境的风险评估方法。监管部门利用它来：

- 帮助他们计划如何利用他们的资源；
- 报告他们所监管的活动的进展情况；
- 计算费用。

Opra评估一项活动的5种属性并产生一个分数，这个分数确定了所需的监管工作量并将它转化成收费等级。

这些评估的属性有：

- 复杂性
- 排放量和投入量
- 场所
- 经营者执行情况
- 守法等级

在EPR v 3.6的Opra中有这些属性的详细解释，内容见下面链接：

http://publications.environment-agency.gov.uk/PDF/GEHO0410BSFA-E-E.pdf

环境署Opra网页为：

http://www.environment-agency.gov.uk/business/regulation/31827.aspx

附件6中的下载文件有更多Opra指导文件的链接或有下载指导文件的超链接（附件 6——EA Web Page OPRA downloads.docx）。

Opra风险评估的信息大多数是由许可证持有人提供的。环境署使用调查问卷，该调查问卷的问题与5个属性有关联，由许可证持有人完成从而生成Opra图表。这些问题的答复为获批准的活动提供了环境风险的评估，随后可转变为许可证持有人的Opra收费等级图表。

有三种不同类型或“等级”的环境许可证在Opra管辖范围内。不同类型与许可活动的复杂性有关。

- 第1等级为登记。目前没有第1等级Opra许可证。
- 第2等级针对的是固定收费许可活动。这类许可证由监管部门决定是否签发，但活动所造成的环境风险不适用全部Opra方案。
- 第3等级针对的活动是有定制许可证的复杂设备、废物设施和一些矿业废弃设施。许可证受全部Opra方案管辖。

下面介绍Opra的5种“属性”。

（1）复杂性——许可证涵盖的活动类型。该属性关注：

- 许可证持有人是做什么的以及现场有哪些危险物料；
- 许可证持有人所排放到环境中的污染物；
- 监管部门为确保许可证持有人遵守许可证的规定并保持公众信心所需要做的工作。

（2）排放量和投入量——允许许可证持有人投入到活动中和从活动中排放的量。本属性关注：

- 释放到空气中的排放量；
- 排放到水中的排放量；
- 排放到土地中的排放量；
- 场地上的废弃物；
- 从现场转移走的废弃物。

（3）场所——许可证持有人的现场周围的环境状况。该属性关注：

- 现场距离人们居住、工作和娱乐的地方有多远；
- 现场距离特定法律保护的地区，如具特殊科学价值的地点，有多远；
- 现场附近的地表水和地下水，以及现场是否会被水淹没；
- 污染物直接排放到水中的可能性以及场地上是否有设施可阻止污染物排放；
- 现场是否处于市政委员会定为空气质量改善的区域。

（4）经营者执行情况——许可证持有人的管理系统和强制执行历史。该属性有两部分：

- 许可证持有人使用的有助于持证人遵守许可证规定的管理系统和程序；
- 近期由监管机构执行的对许可证持有人的现场进行强制执行的行动。

（5）守法评级——许可证持有人遵守许可证条件的程度。使用环境署的守法分类方案（CCS），该属性是看：

- 许可证持有人是否已经遵守许可证的条件；
- 如果许可证持有人没遵守许可证的条件，会对环境造成什么样的影响；
- 如果许可证持有人未遵守许可证的条件，监管部门处理许可证持有人时需要做的工作。

环境署利用CCS制订出每年度（1月到12月）的守法评级。根据守法评级来调整大多数的第2等级和第3等级许可证的年基本运作费。“EP收费方案和指南2011/2012”中有每个收费等级的调整情况详情。

对每个属性所提供的信息和答复会赋予许可证持有人一个守法评级的等级评级，从A到E或从A到F。A级意味着需要的监管力度较小，而E或F级则表示由于许可证持有人的活动增加了环境风险，为了帮助许可证持有人遵守许可证中的条件，因此需要更大的监管力度。“监管力度”表示监管部门在评估许可证持有人遵守这些条件的程度时所做的工作，包括现场调查，提出建议或评估许可证持有人的表现，检查与许可证不符的信息或审核许可证持有人的管理系统。

19.12 公共登记簿

从多方面讲，登记簿是监管部门和其服务的大众最重要的资源之一，但在日常的监管生活中，它常常不太引人注目。登记簿由法律指定，监管部门必须在其上录入信息并进行维护。它是防止过度热心或漠不关心的监管表现而采取的重要预防措施。它公开记录了所需要或允许的活动，以及单个经营者的表现和监管部门对此做的响应。

登记簿的形式没做规定，它可以是纸质或电子或两者结合。工作时间公众必须能查看到登记信息，登记的信息一经要求必须以合理的价格提供。

除某些国家安全或商业机密事项外，登记簿还包含：

- 由部长向监管部门下发的规定水质目标的通告，如WFD&EQS指令标准。
- 部长向监管部门下发的要求其执行与监管任何职权范围有关的规定行动的指示，如监测水质、调查水质问题等。
- 以下资料的详情：申请新许可证或申请更改许可证、申请转移或放弃许可证、要求申请人提供更多信息的通知、监管部门关于经营者活动的环境评估报告、监管部门的决议、上诉及其相关信息、所颁发许可证，以及根据许可证提供的信息。
- 监管部门对水和废水进行污染控制的取样结果，包括监管部门针对取样结果所采取的行动（若有）。
- 宣判某人犯有环境违法行为的详情。
- 法律警告详情。

在决定是否将不遵守环境法的任何民事制裁录入登记簿时，监管部门有一定的自由裁量权，但是要求“不时”地公布所实施的民事制裁报告及其效果。

监管部门的登记簿的信息也可以“沿着级别向上”提供给当地或国家政府。与指令有关的数据，如根据环境指令进行监测的数据和所管辖企业的排放物信息，需要上报给欧洲环境署，公布在欧洲环境资讯和观察网（Eionet）和欧洲污染物排放和转移登记簿（E-PRTR）上。

19.13 排放许可守法的环境监测

监管部门应在排放点下游关键点监测受纳水体，来验证签发许可证时所做的假设、水体是否符合其目标等级且不会受到排放情况的不当影响。监管部门有权进入到采样点从而获取样本和资料。这些权利一般不会授予经营者。在复杂的情形中，例如有几个靠得紧密的排放口或排入批准的混合区，为了证明单个排污者遵守许可证的规定和完全符合水质标准，必须同时对排放口和水质进行检测和建模。

19.14 守法评估、强制执行和审查

如果没有遵守许可证的规定，监管部门必须采取强制措施，参见第25章。监管部门应定期审查许可证的条件，确保与最新的环境认识和技术进步相一致。

审查的默认频次可在指令中指定或由国家立法规定，或者取决于监管部门对不遵守许可证或环境恶化的风险所做的评估。栖息地指令曾经规定了一套综合的许可证审核要求，而根据水框架指令制订的流域管理计划规定对低于良好状况的水污染物排放，其许可证的审查周期是6年。

环境、食品和农村事务部（Defra）《环境许可法规要点指导》第10章规定了守法评估、强制执行和审查原则（附件6——Environmental Permitting Core Guidance 2010）。

这些原则包含：

- 守法评估
- 基于风险的守法评估
- 守法评估的方法
- 强制执行
- 强制执行说明
- 停止使用说明
- 起诉
- 废止
- 补救
- 进行审查
- 监管部门变更条件
- 许可证审查

20.英国排放许可证案例

准许排放许可证的法律文件由监管部门——英国环境署颁发并由排污者持有，下面是许可证法律文件的样本。

20.1 排放同意书/单独排水活动的范围

英国排放到内陆水域的废水排放许可证被称为“同意书”，自从20世纪50年代以来，这些许可证就已经根据水污染法的规定实施了。英格兰和威尔士大约有60 000个排放同意书。一些大规模的工业排放同意书先前已经纳入根据IPPC和废物条例的规定颁发的环境许可证。自2010年将排放同意书制度归入到《环境许可法规》以来，所有现存的排放同意书都成为“单独排水活动的环境许可证”。但大多数还没有进行是否符合单独排水活动的EPR标准条件模板的审查（“单独排水活动”是个相当奇怪且不准确的名称，是由环境、食品和农村事务部（Defra）的律师采用的，用于描述《环境许可法规》中排放到受管制污水或工业废水或“其他物质”中的来自还没有纳入到条例中的活动的排放，即非IPPC设备或废物地点。用“单独废水排放活动”描述这类排放会更准确一点）。

本章简要介绍了现有的一些排放同意书/单独排水活动。附件7中有同意书/许可证样本。

20.2 小型污水处理厂

多数单独排水活动（WDA）是针对小型污水处理厂的，这些小型污水处理厂为那些没有大型污水处理设备的地区——一般是农村地区的小规模发展服务。对于处理范围为5~20 m^{3}的小型处理厂，环境署已经进行了一般风险评估，并就此类处理厂的建议标准规则进行咨询。如果经营者能够满足标准规则中制定的特定环境和运行标准，他就有资格获得标准许可证，从而减少申请费用和基本运营费用。详情可访问环境署网站：

http://www.environment-agency.gov.uk/business/topics/permitting/32334.aspx

这些网页和有关排水活动的文件（标准规则、一般风险评估、申请表）可从附件8中的链接获取（附件 8——Standard Permits WDA - EA Web Page）。

标准规则是基于一般风险评估制定的，一般风险评估涵盖了人体健康、化学性和生物性水质以及受保护的场所和物种。

总的来说，标准规则规定：

- 排水不允许排放到公共下水道。
- 经营者可将生活污水排入到地表水中，每天排放的最大体积为

$5\sim20\ m^3$。

- 污水必须是不含工业废水的生活污水，且必须经过二级处理厂处理，根据指定的标准确定二级处理厂的规模并进行设计和建造，根据制造商的建议进行管理、运营和维护。
- 排水只能排放到通常情况下常年有水的河道中。
- 排放不得靠近指定的易受影响的水体或自然保护地。

附件7中有从公共登记簿获取的小型污水处理厂排水活动的标准许可证样本（附件 7 ——Green Meadows Club standard permit）。

20.3 下水道中的工业废水排放

在英国，许多行业把他们的工业废水排放到公共下水道中，而不是根据环境许可证的规定在现场充分处理后排放到河道中。公共下水道的末端是城市污水处理厂，处理所有进来的生活污水和工业废水，并受城市废水处理指令管辖。

在英格兰和威尔士，污水排放和污水处理已经私有化了。污水处理私人承包商有10家，为大约98%的人口提供公共污水排放和处理。

根据1991年水工业法，污水处理承包商可作为监管方，控制着来自工业的废水输入到他们的系统中。他们给申请许可证的工业排污者签发许可证，即工业废水同意书。这些同意书可以规定排放时间、内容、pH值和温度的限值，并可规定排污者排放的流量和其他监测内容。这些同意书与监管部门颁发的排放到地表水和地下水中的环境许可证有很多相似之处。污水处理承包商按照接纳废水的比例和进入污水处理厂的污染负荷（包括因而发生的污泥处理）向工业排污者收费。关于工业废水许可证引发的任何争端都由水工业监管部门OPWAT处理。

工业排污者然后可决定是否付费给水厂处理废水或就地建造设施进行排放前处理，或如果可能的话，更好的方法是投资改造生产工艺系统，从而在一开始就防止产生废水。在后一种方法行不通的地方，通常为了污水处理承包商、企业家和环境监管部门的利益，工业废水被排放到下水道中处理而不是就地被处理。污水处理承包商从工业排水中获得了相当稳定或可预计的生物降解负荷，有助于缓和因群体行为或降雨所致的处理不稳定性，同时还可以获取更快的投资利润率。企业将自己的处理成本降至最低，避免了必须安装和运营一个污水处理厂，因为污水处理厂可能相当复杂，以至于安装和经营可能完全超出了工业部门正常的那套技术。环境监管部门避免了工业废水处理失败对地方水环境（通常是稀释倍数低的小型河道）所造成的风险。

从负面影响来说，工业排污者的执行力差可严重损害污水处理系统和污水处理厂。向工业废水收费产生的收益会带来商业压力，可能诱使污水管理者接纳过高的工业废水负荷，从而超出处理厂的设计容量，这样就违背了环境许可证的规定，并可能造成水质恶化。房产和商业开发可将额外流量排放到携带工业废水的下水道中，这样做的实际结果是下游的合流制下水道在降雨初期形成溢流，排放更浓缩的“暴雨”污水至河道中，而河道的流量不能充分增加从而容纳不了暂时负荷。

就排水到下水道中的PPC设备而言，环境监管部门和废水处理承包商都有监管利益。考虑到将由城市废水处理厂承担排放物处理，环境监管部门限制了设备排放到环境中的排放物。废水处理承包商必须把监管部门的限制列入针对排放到下水道中的工业废水同意书中，但为了保护健康和安全以及运行绩效也可把这些限制制订得更严格。考虑到工业废水的性质和组成，城市废水处理厂排放许可证里也可对特定化学品进行限制。如果水务公司被发现违反其同意书的规定并污染了河流，它会被环境监管部门起诉。但是如果水务公司可证明工业企业排到下水道中的工业废水超过了其工业废水同意书的规定，它可以转而起诉工业企业。

在英国，多数的工业排水都是排到下水道中，因此很大程度上处在私人公司的监管范围内。在欧洲不同的国家，平衡这些关系的方式也是不同的，例如，在意大利，正常的情况是每个行业直接排水到环境中，管理各自的废物处理并与环境监管部门有着各自的许可证关系。特定的法律体制对平衡私人企业和大部分市政废水部门之间的商业关系并没有多大帮助。

英国工业废水排放同意书并没有像受监管的工业同意书那样公开公布在网站上。但是相关资料一经要求还是可以从水务公司获取的。

关于工业废水同意书的更多资料可从下列链接上获取：

关于工业废水许可证的一般说明：Business Link – NETREGS– Do I need a Trade Effluent Consent。

工业废水收费——OFWAT-Trade Effluent Charges。

20.4 水环境中的工业废水排放

在下水道不接收工业废水的地方，环境监管部门可能会允许将工业废水排放到地表水或地下水中。如果商业活动的规模足够大，有资格根据IPPCD的规定进行排放控制，那么排放就会纳入PPC环境许可证的管辖范围中。如果由于废物管理活动而产生了废水，那么排放就会纳入废物管理环境许可证的管辖范围中。如果不属于这两种情况，那么排放可以作为“单独排水活动”准许实施。

由于所使用的工艺的性质，有效受纳水体容量等，大多数这样的排放可能都需要定制许可证，这类许可证包含以标准用语汇编但有个别规定限值的条件。对于像建造期间产生的废水也可以签发临时排放工业废水许可证。

某些常规类型的排放可适用于标准规则许可证。目前的标准规则许可证用于冷却水和热交换器。链接在：附件 8——Standard Permits – EA Web Page.docx。

20.5 情况说明书——用于低风险排放

环境署已经决定如果经营者可以保证活动不会造成污染，那么某些低风险排放不再需要许可或登记。这样的活动通过情况说明书进行处理。这些说明书描述了排放的类型和排放在何种环境下不当做排水活动，因而不要求许可证或登记。

环境署已经制作了排放到地表水河道的家用开放式环形加热泵的情况说明书。EA网页上有详细资料：

http://www.environment-agency.gov.uk/business/topics/water/110593.aspx

附件7中有情况说明书（附件7——Position Statement Open Loop Heat Pumps）。

环境署也已制作了来自挖掘地的临时排水的情况说明书。EA网页上有详细资料：

http://www.environment-agency.gov.uk/business/topics/water/110593.aspx。

附件7中有情况说明书（附件7——Temporary Discharges Form）。

20.6 城市废水处理

大多数英国居民区、村庄、城镇和城市的污水，家庭活动产生的污水和工商业产生的工业废水，与地表径流混合，通过管道系统进入城市废水处理厂。在处理厂，大部分固体成分与溶解的成分分离（一级处理），然后溶解的成分和剩余的悬浮固体进行二级好氧处理，污水的固体量、需氧量和氨氮显著降低。如果已经认定受纳水体为敏感水体，则污水可能需要进行三级处理来进一步减小需氧量、氨、营养物质或细菌。处理阶段产生的固体污泥通常进行好氧或厌氧消化处理，可回收作为农业肥料，或者送入焚化炉。在一些情况中，消化池向处理厂提供热电联供（利用污泥处理过程产生的甲烷）。与污泥有关的过程如果规模不足，可作为废弃物有关的活动纳入IPPC监管，但由于UWWT指令的要求，废水处理仍不受IPPC管制。

废水处理系统和城市污水处理厂受城市废水处理指令的要求管辖（附件 7——Urban Waste Water Treatment Directive 91/271/EEC）。在英国，指令由适用于英格兰和威尔士、苏格兰和北爱尔兰的有关城市废水条例实施。附件7中有英格兰和威尔士条例（附件 7——UWWT Regulations 1994和附件 7——UWWT Regulations 2003）。环境、食品和农村事务部（Defra）已经制作了UWWT指令实施的手册。最近的手册是于2002年编制的，预计2012年订。

城市废水处理指令中的“城市废水”定义为人类新陈代谢和家庭活动产生的生活废水，这些生活废水可能与工业废水和地表水径流混合。城市废水中含有可生物降解的负荷，需要在排放入河道之前分解。指令使用“种群当量”（p.e.）作为衡量可生物降解负荷的标准。它要求因城市废水而产生的可生物降解负荷或（针对某些工业部门）来自单个工厂的可生物降解负荷超过2000 p.e.时，就应设置污水处理系统（收集系统）。该系统须与城市废水处理厂相连，通常城市废水处理厂至少应进行二级处理以达到规定的标准。指令允许雨水溢流以防止淹没房产，但应该限制污染。

英国条例将经营维护收集系统和处理厂的负担交给了废水承包商。这些承包商在英格兰和威尔士是私人公司，而在苏格兰和北爱尔兰是国有企业。环境监管部门负责保证系统准时交付使用并根据UWWT条例的规定运行。

在英格兰和威尔士，政府、英国水务管理局Ofwat、废水处理承包商和环境署已经同意在所有有关的同意书（现在是单独排水许可证）中设立UWWT指令要求的标准用语。这些与定制要求如氨、生化需氧量BOD或金属等是分开的。

附件7中有大型城市废水处理厂的典型同意书（现在是单独排水许可证）。斯温顿镇位于泰晤士河流域上游，自20世纪初就有了污水处理厂。该镇已经扩建，由于接收负荷的增加，以及为了保护受纳水体和下游用水包括抽取饮用水所需要的更严格的标准，同意书的内容相继经过变更。样本与同意书和变更同意书完全一样，包括可以追溯到1989年的标准UWWT用语（附件 7——Swindon 1989 consents onwards），以及最新的（电子）变更许可证（附件 7——Swindon Variation）。

废水处理承包商使用复合取样器或连续的测量手段监测其废水，并将数据上报给环境署，最初仅仅是为了达到UWWT的要求，但现在是为了达到所有的取样要求。环境署对数据做守法评估并将它公布到公共登记簿上。环境署定期核对数据，由环境、食品和农村事务部（Defra）转发给EEA，按照UWWT指令的要求提交英国的数据。

21.许可证案例

IPPC指令指定的设备排放到空气、土地和水中的控制排放物——大部分源自大型工厂。许可证标明了整个场地，原料投入、过程及排放物。

21.1　IPPC许可证的内容

对于所有的许可证申请，环境署使用统一的许可证模板。该模板有适用于所有申请的一般条件和34个附件，附件根据活动规定相关条件。一般用语优先用于起草基本原理。如果存在特定环境与特定排放位置或活动相关，可以包括特定条件。模板包括时间进度表的规定和形式。这些模板的具体用语和结构尽管尽可能标准化了，但还是会根据申请认定的具体环境要求而有所不同。

时间进度表形成许可证的一部分，它包括特别规定的排放限值、监测及上报要求和其他的场地特定资料。

模板采用彩色编码以方便环境署员工使用。

- 黑色文本是固定内容。
- 红色文本是可选的，但用语是固定的。一些红色文本包含可选的文字，但须由环境署人员根据适用情况修改。
- 蓝色文本是样本，由环境署员工替换成场地特定条件。

可通过下列网络链接访问包括所有附件在内的一般模板：

http://www.environment-agency.gov.uk/static/documents/Business/EPRgeneric_permit_template.pdf

附件7包含了一个pdf文件和一个doc文件，pdf文件是一个包括所有34个附件的一般许可证模板，而doc文件列出了所有附件。

附件 7 —— EPR generic permit template。

附件 7—— List of Annexes of conditions for EPR Template Permit。

附件3～附件19适用于IPPC管制的相关行业。

附件8中提供了IPPC监管的工业设备的实际环境许可证的样本。这个样本是南威尔士米尔福德港口的Murco炼油厂的许可证样本，包含了对排放到空气、水体和土地中污染物的排放管制。许可证和后来的变更内容详见附件8——AP3830XQ_AP3830XQ Permit.pdf和附件 8——EPR AP3830XQ V003 variation - signed.pdf。

21.2 标准IPPC许可证

标准许可证适用于已经认定为低环境风险的某些IPPC设备。由于所使用材料或过程产物有危险特性，但它们的环境风险低，所以这些设备符合IPPC的管控。经营者可申请标准许可证并提供材料证明其设备符合适用于其所属行业或企业的标准规则的要求。

低影响设备的标准规则可从环境署网站上获得：

http://www.environment-agency.gov.uk/Business/topics/permitting/106530.aspx

附件7包含了上述网页的.doc文件（附件 7——Copy of text of Environment Agency Web Page on Standard Rules Permits for Low Impact Installations）。

附件7也包含了标准规则（附件 7——Standard Rules for Low Impact Installation SR2009No2v2.0.pdf）和一般风险评估文件（附件 7——Generic Risk assessment For LII SR2009No2_GRA.pdf）。

22.许可证中的建模和污染负荷

水质数学模型是对复杂自然环境的简化和近似性描述。它们可以帮助决策，而且如果模型经过了核实，且决策者清楚地知道模型中近似法的局限性，它将非常有益于评估各种措施。

从正在使用的无数种化学品中确定哪种需要通过泛欧洲立法（国家或局部尺度）进行控制以及确定对这些化学品所设的限值是否合理，那么对污染物的迁移转化等行为建立模型模拟至关重要。

本章旨在总结规划和执行水质监管时使用的模型情况。本章介绍了公开发表的欧盟和国家级的环境建模专业知识，但并不对可行的各种建模技术进行具体的技术评估。本章借鉴了大量的从欧盟（EU）和国家专家团体网页，并从中进行了大量的节选或直接移用，包括内嵌的网页链接。

完全确定的环境资料很少，所以影响环境的决策必须在可利用性最高的信息基础上进行。这包括复杂系统的近似和简化以及使用这些模型而不是依赖经验观察数据辅助决策。利用可得的经验数据（观测水质和影响水质要素如地形、坡度、降雨、温度、流量、工业排放等）通过比较模型结果（如估计水质）可产生模型的置信度。按照经验数据建立的模型可用于预测如果一种或多种重要成分发生变化而导致的水质变化。使用某一流域数据验证的模型可适用于有同样物理化学特性的其他流域。

环境监管部门常常使用概率模型来解决环境参数的自然变化，并为环境许可证允许排放的物质确定统计学意义的稳定限值。模型的复杂性取决于受纳水体对污染的敏感性、保守排放限值对经营者的财务能力的影响。一般而言，对接近最坏情况的简单建模会产生保守限值，而对排放和环境参数的详细模拟可能导致限值不太严格，但还是环境保护限值。

模拟长时间序列环境和排放条件（事件）的组合能够获得河水流量、污染物排放流量以及浓度的简略统计资料，用于与法定标准进行比较。因此，环境标准和排放限值需要依据可允许的变动范围进行确定。绝对水质标准，如“河水样本中物质的含量不应超过5 mg/L”过于保守，因为环境毒理学证据表明生态系统能够承受该浓度水平的短期暴露。在这样的情况下，有上限的百分比标准会比较合理，如“95%河水样本中X物质的年均含量不应超过5 mg/L，并且单个样本的值不应超过该数值的两倍”。

英国水框架指令技术顾问团（http://www.wfduk.org/）已经出示了一份非常重要的技术报告：英国标准环境标准和条件（第一阶段）（附件 9——UKTAG ReportAug 2006UKEnvironmentalStandardsandConditionsFinalReport.pdf）。

报告详细介绍了满足良好生态状况的一些要求，目标针对的是专业技术人员。但是，尤其是引言部分易读，它极好地总结了数据（或数据的缺失）如何用于获得作出可信决策（如许可限值）所依赖的标准。以下引言中部分源自于该报告。

大多数欧盟（EU）环境指令都规定了环境标准或排放标准，但在设立其他目标时缺少灵活性。水框架指令首次提出基于风险的方法，采取何种措施能够与达到的目标相称，以及各种措施的花费。

环境标准用于决策可采用至少两种截然不同的方式。在过去的20年中，这两种方法都被可信地用于建立大型改造投资项目。使用标准时要考虑的重要事项是规定规则，通过这些规则标准可用于做决策。

第一种方法称为直接模型，适用于监管部门能够高可信度地评估活动对受纳水体实际影响的情况，意味着监管部门可依据环境标准计算活动的影响。直接模型适用的情况是，有可信度，仅遵守标准一条就可确定违规活动所需的条件。没有必要例如通过生物学数据寻找相关关系。直接模型的一个例子是在排放许可中设立氨的极限，从而满足河水中氨的水质标准。另一个例子是控制取水，以保证仅抽取自然流量的一定比例。

第二种方法是间接模型，它适用于可信度不高，仅违反一条标准就能够判定造成损害或风险的原因，这可能需要相关的支持证据。间接模型适用于监管部门无法计算活动对受纳水体影响的情况，这也表明无法计算出保证符合环境标准所需的条件。

在间接模型中，监管部门可能会提议使用清单来确认水是否受损害或有风险。这个清单可包含如直接模型中的数值标准的遵守情况，但它会包含更多内容。例如，它可能包含主要物种的缺失或有害物种的出现。这个清单可能会导致采取行动，如针对特定排放物统一排放标准或对特定取水的统一管控。它不太可能直接计算该行动是否得当，它可能被当做“正确方向中的一步”，且将在下次利用收集的环境现状数据进行评估。

作为间接模型的一个例子，化学标准用于辅助确定敏感区域的时间。如果不符合标准，且还有其他指标（有些是生物指标），则表明需要行动。在确定水体不达标之后采取的行动也并不像使受纳水体符合标准时所需的行动那样核算精确。可能是，对所有大于某一规模的排放都强加统一的排放标准，或对影响地下水的活动实施禁令。

在间接模型中，行动的规模是真实风险级别可信度和行动会减轻风险的可信度之差。在水框架指令中，根据指令的措施计划的要求开发出这样的“行动”与“失败”的匹配。

UKTAG对直接模型和间接模型进行了讨论，因为它对于解释标准是如何引导决策是至关重要的。过去对环境有确定影响的标准被纳入直接模型。而间接模型中，使用对环境有更复杂或更细微影响的相关标准。

同样地，还有评估符合标准的问题。在许多情况中，包括使用监测数据与标准进行某种形式的比较。在其他情况中，可能涉及利用模型进行计算。这些数据或模型几乎总与误差和不确定性有关，将这些转换成符合标准或不符合标准的可信度说明。

指令期望我们了解并报告可信度水平。和指令的附件5中提到的其他因素一样，这些可信度水平会被用于确定检测到特定水平标准失败或恶化所需的监测量。根据措施计划的要求决定采取什么措施时要考虑成果，也就是不符合标准的可信度。

23.欧洲模型

在欧盟（EU）层次上，数学模型广泛用于规划未来立法和评价现存立法的成效。规划立法时，模型主要用于预测环境影响和监管影响。在评价立法成效时，模型主要用于精简成员国内与监测和实施信息有关的详细数据，从而展现综合欧洲的情况。

欧洲环境署（欧盟的一个机构，效力于欧盟议会、理事会、委员会和成员国）和欧盟委员会的联合研究中心将具体的科学数据转化成决策者和公众容易理解的资料与信息。广泛使用数学模型、统计数据精编技术和GIS技术有助于提供容易理解的数据。欧洲环境署和联合研究中心是WISE网络（http://water.europa.eu/）欧洲水务信息系统的主要管理者。

WISE是欧盟委员会（欧盟环境总司DG环境、联合研究中心和欧盟统计局）和欧盟环境署（众所周知的“四部委集团”(Go4)）之间的合作机构。合作机构间的主要作用和职责有：

- 欧盟环境总司DG环境领导制定WISE的政策和战略内容。它与成员国，特别关于欧盟（EU）水务立法的正式报告需求建立工作联系。更多资料参见：

  http://ec.europa.eu/environment/water/index.html

- 欧盟环境署承办了水务数据中心和WISE专题网页。更多资料参见：

  http://www.eea.europa.eu/themes/water/dc

  http://www.eea.europa.eu/themes/water

- 联合研究中心执行环境监测和水资源建模的任务，包括临时预报和预测服务。更多资料参见：

  http://ies.jrc.ec.europa.eu/the-institute/units/rural-water-and-ecosystem-resources-unit.html

  http://floods.jrc.ec.europa.eu

  http://desert.jrc.ec.europa.eu

  http://fate.jrc.ec.europa.eu

- 欧盟统计局（Eurostat）收集和宣传水资源统计信息，把它们也作为WISE数据和专题的一部分，并提供WISE的GIS部分发展上的重大投入，以确保与INSPIRE的联系。更多信息参见：

  http://epp.eurostat.ec.europa.eu/

EEA和JRC在规划欧盟环境监管行动、评价这些行动的进展与成效时起关键作用。建模是这项工作的关键部分。

农村、水务和生态系统资源单位是在欧盟的一个工作机构。这个单位在环境影响研究模型的开发上经验丰富，能力较高，该模型能预测营养物质、杀虫剂和其他化学污染物从点源和非点源进入土壤、地下水和地表水时的浓度和迁移过程。

其中一个团体叫FATE——在IES进行的与陆地和水生生态系统中污染物归宿和影响评估有关的全体活动的总称（http://fate.jrc.ec.europa.eu/rational/home）。

建模活动主要针对：

- 营养物质（氮和磷）
- 持续性有机污染物和工业化学品（如PCBs、PCDDs/Fs、含氟化合物）
- 极性化合物
- 杀虫剂和灭草剂

- 医药品

FATE建模方法如图23.1所示。

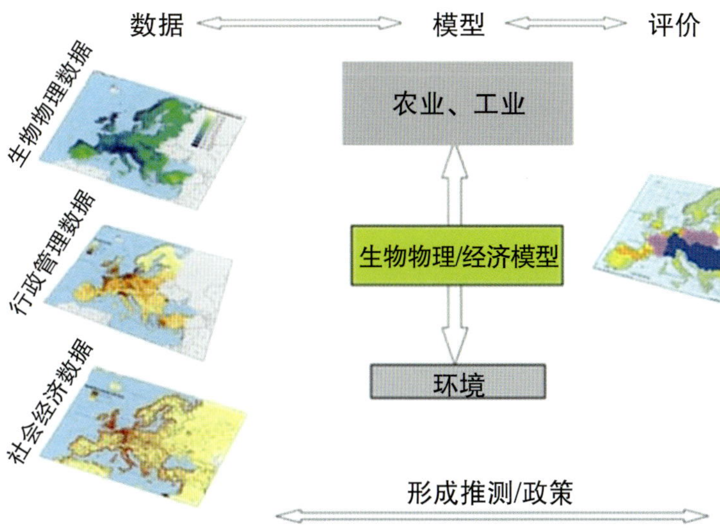

图23.1 FATE 建模方法

23.1 为什么要模拟污染物?

环境污染物模型是对现实世界的简化和抽象，在多学科中广泛应用。模型在评价污染源，提出可持续管理实践以减轻对水、土壤和空气的影响，评估污染物减少对生态系统的影响，制定能够监测最佳管理实践影响的合理取样策略等方面是非常有效的工具。

欧盟环境立法的实施给研究团体提出了新的挑战，并且模型被认定是完成政策框架内规定要求的工具。FATE内部已经开发出了几种模型，具有能够覆盖广阔的时空尺度、根据适用范围而定的过程水平。

FATE交互式地图浏览器可用于浏览整个欧洲的污染物归宿建模的结果。网络链接：

http://fate.jrc.ec.europa.eu/interactive-maps-and-data

FATE交互式地图浏览器设计的目的是显示欧洲污染物的专题地图。已经实施各种各样的工具，使用户不但能查看到建模和监测的污染物数据，而且能够对数据进行简单的提问并生成简单的用户评论WYSWYG（所看即所得）。

图23.2给出的FATE营养物质（建模）地图作为输出范例。

浏览器显示了流域尺度的相关主要环境信息，如气候、土地使用、废水处理厂排放的营养物质、化肥的使用、氮和磷的扩散以及欧洲河流负荷等。

地图浏览器可以让你选择点位置并提供显示与全部流域或选择点“上游”流域有关的空间信息的选项。然后就可以用地图显示出从1985年到2005年期间的各种各样的数据层和时间序列。

开始这个过程，请先使用按钮在欧洲地图工具栏“指定有关流域”，然后点击所选的点（Launch The FATE Nutrients Modelling Map）。

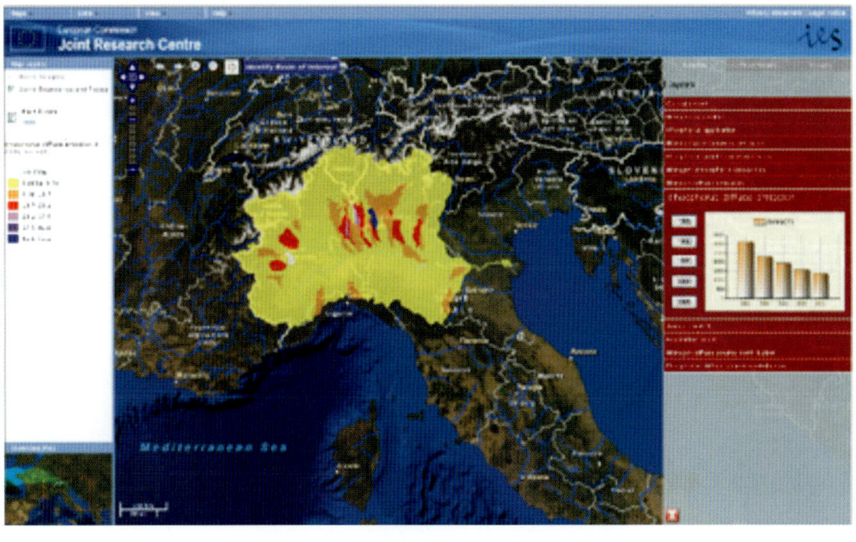

图23.2 FATE营养物质（建模）地图

23.2 化学品监测地图

化学品监测地图如图23.3所示。

浏览器显示了欧洲地区2007年整个水样本、2008年未过滤地下水样本和2009年污水处理厂排放的筛查结果。

你可用地图浏览器选择取样点位置，浏览器还可显示特定水样中测定的各种化学品浓度（Launch the FATE Chemicals Monitoring Map）。

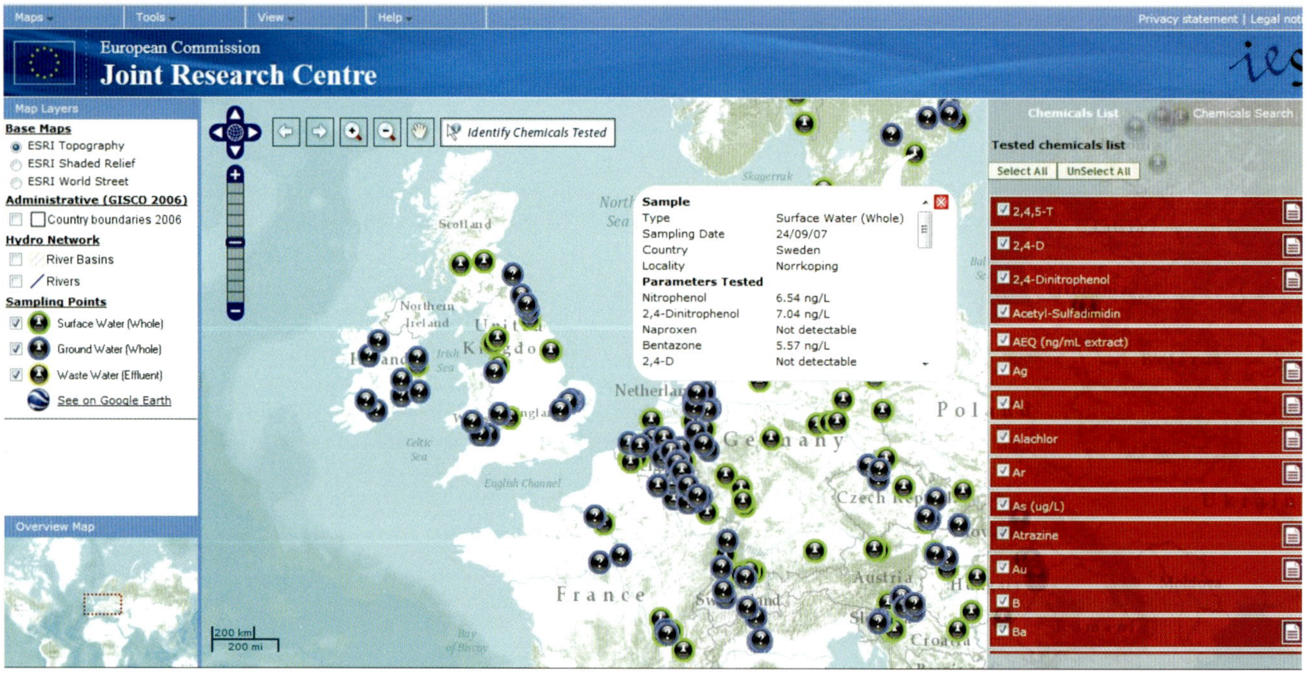

图23.3 化学品监测地图

24.英国模型（环境署）

在全国范围内，环境署在水务监管活动中广泛使用该模型，从洪水预报到需求管理，从排放许可到污染团迁移转化。

对水质规划和排放许可而言，主要软件是水质规划软件（River Quality Planning，RQP），它包含多种工具，用于计算水样符合水质标准情况以及满足水质标准的排放许可限值。SIMCAT模型用于评估流域对不同污染物负荷和管理措施情景的响应。

RQP包含一系列程序，可用于计算环境样本或废水样本是否达到标准或限值（“符合”），计算水质置信度等级（“可信度等级”）并用于计算许可限值（“同意书”）。考虑到河道流量和排放流量之间的关系，“同意书”的程序基于河道流量和浓度以及排放流量和浓度的对数常态分布的质量平衡方程对许可限值进行计算。

24.1 编辑摘选自SIMCAT在线手册

http://www.simcat.connectfree.co.uk/simcat_home_page.htm

24.2 什么是SIMCAT?

SIMCAT是计算流域内河流水质的数学模型。可以使用SIMCAT模型对改善水质所需采取的行动进行规划。

SIMCAT可计算水质的汇总统计，如平均数和百分数，从而可以正确地处理水质标准。

SIMCAT具有其他的特殊性能，如自动校准，有助于快速计算结果。SIMCAT也能用于计算与水质数据有关的不确定性影响。

24.3 SIMCAT如何运行?

引言

本章节介绍了SIMCAT如何进行计算。首先讨论河流中污染物排放混合过程，介绍蒙特卡罗模拟技术，然后讨论对河流系统的计算。环境署的环境许可法规指导文件详细介绍了排放同意书的计算。这个指导文件为SIMCAT提供了良好的背景。

单一排放与河水混合

废水进入河道，它与河水的混合速度取决于各种因素，如排污口类型、河道流量、湍流和河床特征等。混合过程非常复杂。

- 如果排放物密度大于河水密度，它有紧靠着河床流动的趋势；热排放趋于向水体表层上升；

• 如果排放物进入河道的一侧，污染物可能在流动一段距离后顺流至另一侧；

• 沉积物仅在流速低时在河床沉积，在流速增加时会被再次抬起。

通常情况下，我们可以不考虑这些复杂情况。设置混合区会大大简化这些难题，并假设排放物全部在下游混合。这样做的用意（对计算和环境）是通过选择排水口设备获得令人满意的快速混合（EU WFD CIS混合区计算指南，参见本章后面内容）。

排放物与河水混合过程可用质量平衡方程表示：

$$T = \frac{FC + fc}{F + f}$$

其中：

• F是排放点上游的河水流速；

• C是排放点上游污染物的浓度；

• f是排放流速；

• c是排放的污染物浓度；

• T是排放下游污染物的浓度。

该方程建立在质量守恒原理的基础上，因此是可信的。如果F、C、f和c的值指的是同一瞬间的值，我们就可以计算T值。

河道常用的标准是90百分位数（或95百分位数）。只要90百分位数浓度不超过时间的10%，河道将会被保护到要求的可靠程度。同样，排放限值也用百分位数（通常为95百分位数）来界定。

从法律上讲，一些非规范物质和工业排放的许可限值是永远不能超过的绝对限值（当计算许可限值需要满足河道指标时，这些限值也用95百分位数来界定，倘若超过了许可限值，在制订强制执行措施时要考虑到超过的程度）。单纯使用这个方程不能来计算需要符合河道指标的同意书的限值。因此，我们不得不使用蒙特卡罗模拟技术准确地计算T的平均数和百分位数值与排放质量的平均数和百分位数值之间的关系。

蒙特卡罗模拟法

本部分中，每个变量F、C、f和c的值都是从可能值的统计分布中随机抽取的。根据每组F、C、f和c的值利用质量平衡方程计算T值。重做筛选和质量平衡序列直到计算出足以界定T的取值分布。每个T值（或者每个F、C、f或c的取值）称为一分布点。普通计算采用500组点。通常假设F、C、f和c服从对数正态分布，但在SIMCAT内可以使用其他分布，如非参数分布。

相关性

此外，还可以引入F、C、f和c之间所有可能的相关性。

河道和废水处理厂的流量都受降雨的影响。为了模拟这种情况，SIMCAT中，默认河道流量和废水处理厂流量间的相关系数为0.6。在河道和支流流量间，系数为1.0。有关这方面内容可以做更为详细的介绍（例如在河道流量数据中）。

下表中列出了SIMCAT默认的相关系数。

下面章节中介绍了SIMCAT计算相关性的方法。

数据

需要数据表征变量F、C、f和c的分布特征。大多数情况下，可以假设数据呈正态分布。这就意味着两次汇总统计数据就会确定完全分布。可以使用任意两次统计数据，因此最好是使用易得数据。这些数据有：

• 河道流量：平均值和5百分位数；

• 上游水质：平均值和标准

流量间默认相关系数	
相关性	系数
河道流量对于支流流量	1.0
河道流量对于废水处理厂排放流量（特征类型3）	0.6
河道流量对于其他排放流量（特征类型5）	0.0
河道流量和河水水质间的默认相关系数	
相关性	系数
欲测物1（氯化物）	–0.3
欲测物2（BOD）	0.0
欲测物3（氨）	0.4
欲测物4（溶解氧）	0.3
排放流量对排放质量的默认相关系数	
相关性	系数
欲测物1（氯化物）	–0.1
欲测物2（BOD）	0.3
欲测物3（氨）	0.4
欲测物4（溶解氧）	0.0

偏差；

- 排放流量：平均值和标准偏差；
- 排放质量：平均值和标准偏差。

河流质量目标

尽管可以使用其他任何的百分位数，但河道目标通常采用90百分位数或95百分位数表征。大多数情况下，指标将界定出申报目标等级的范围。或者它也可以是其他用于保护河道的水质标准，或者是一个符合指令的标准。

为什么要用模型?

当河道接收大量的废水时，制定针对该河流的决策可以取决于上游的决策方案。对于这样的河流，因为必须计算排放点上游所做的决策如何影响排放上游的河流水质，因此计算既复杂又费时。因此，能够对整个流域进行所有计算的自动方法非常诱人。这不仅能节省大量时间，而且它还有助于改进河水水质规划，最大程度地满足节省资金的要求。明显的发展趋势是对整个流域应用蒙特卡罗模拟，这就形成了SIMCAT。

SIMCAT计算

SIMCAT计算始于河流上游。从每个流量和质量的分布范围中抽取几个分布点集，点集的分布从上游一直延伸至下游。即使使用几百个点，仍然会有小误差，因为导出值不太可能重现你确定作为输入数据的平均值和标准偏差值。SIMCAT通过对分布点的数值进行系统性调整消除了这一误差。

在废水进入河道的任一点，SIMCAT使用质量平衡方程将排放的流量和质量与下游的流量和质量混合，产生了排放下游的河水流量和质量。当河水向下游流动时，对这些分布点进行调整，以便将污染扩散和自然净化这些因素考虑在内。然后使用这些分布点确定后续排放的上游水质。

在河流交汇处，SIMCAT必须存储河道水质，然后作为新支流计算的上端。支流分布点的集合的分布从上游向下直至汇流处，用质量平衡方程将干流和支流的分布点在汇流处混合。取水时，可以根据取水的规模和类型降低与分布点有关的流量值。

以这种方式， SIMCAT对整条河流做了计算，可能涉及上万米的河道和几十条支流以及排放点。以计算分布点值方式，计算整条河流的水质。

取样误差

一般来说，决策时最重要的误差原因是取样误差。我们必须考虑到取样误差，如果在SIMCAT内未直接考虑取样误差，那么利用结果进行决策时加入取样误差。取样误差也使我们认真思考细节所花费的时间。研究河流本身影响水质的详尽过程，或识别概率分布的细微差别可能没什么价值。如果对结果的影响远远小于取样误差的大小，所有这些研究就没有什么意义了。

在SIMCAT中，可以对取样误差直接建模。这就意味着SIMCAT不仅要计算出平均BOD，比如说，6.1 mg/L，还要给出范围，比如说4.9～7.5 mg/L。如果一定要保证河道中的平均BOD值为5.0 mg/L，那么就应该制定出减小悲观置信限范围7.5～5.0 mg/L的措施。相反，如果节省资金重要，那么我们应该制定出减少乐观置信限范围4.9 ～5.0 mg/L的措施（在这种特殊情况下，我们的花费为零——乐观置信限范围已经小于5.0 mg/L）。给取样误差建模的程序如下：从特定数目的样本中计算出每个水质统计数据。将这些数据作为SIMCAT输入数据。SIMCAT使用这些数据以及污染负荷数据来计算某个数量，称为有效取样率（EFR）。作为计算进程，SIMCAT将计算出整个河道上所有点的河水水质。同时，SIMCAT利用下列公式计算每个污染排放点的*EFR*值。

$$EFR = \frac{nl + NL}{n + N}$$

该公式中，*l*和*L*为混合河段的污染负荷，*n* 和*N*为每条河段中用于计算质量数据的样本数量。通常这些数字是上游点的*EFR*值。那么实际上，*EFR*是连续的负荷加权的样本平均数。

计算*EFR*的原因是样本数有利于估计置信限，而置信限说明采取错误决策的风险。

自动校准

当所有流域数据放在一起，如果第一次运行的SIMCAT结果与流量计和监测站的监测结果一致，那是非常幸运的。但并不总是这样，为了确保数据匹配，你需要进行调整，该过程称为校准。

当模型已经校准，就可以使用模型预测新排放和新许可条件产生的影响。SIMCAT可自动校准。这就减少了花费的时间。如果没有自动校准，则需要对速度和其他参数反复试验调整进行校准（也可以利用模型0反复运行SIMCAT的方式进行校准）。当采用反复试验调整法校准时，花费时间很长。如上面所指，SIMCAT包含描述自然净化和扩散过程的方程。自动校准可以替代这些过程，或者修正由于使用这些过程而导致的差值。自动校准包括以下步骤：

SIMCAT输入额外的河道流量，保证模型结果与流量计所测量的分布范围一致——额外流量作为河道长度的函数（必须在数据文件中告知SIMCAT要分配给额外流量的质量）；利用方程对河道的自我净化（或污染）能力建模，SIMCAT计算一系列经验常数和调整值，这样将准确重现监测站记录的水质分布范围。通过描述SIMCAT在监测站的模拟情况，可较好地说明SIMCAT校准方法。

首先，SIMCAT将模型结果与监测站的质量分布进行比较。

然后，SIMCAT计算出能够产生完全一致性的调整量，然后回到上游的监测站重新计算，此时输入的调整量作为河道长度或时间的函数。一旦回到最初的监测站，将最新计算结果与所需的分布进行比较。基于与河流长度具有线性关系的简单调整，结果要精确一致。对于更复杂的调整，例如指数项的调整，两者的一致性可以不那么精确。回到下游监测站，用之前同样的方式计算并测试第二组调整量。重复该循环直到发现一组调整量与监测站测量的结果精确一致，大约需要6个循环。

目前有两点非常明显。首先，对于流域的不同部分，SIMCAT不必使用不同速度常数。对于SIMCAT来说，每个分布点是不是使用不同常数并不重要。

自动校准在证明取样误差的主要影响方面值得借鉴。取样误差使数据模糊不清，以至于无法仅仅从物理机制，如混合和化学腐烂方面，对河流行为进行解释。

SIMCAT在两个分别为.FCL和.QCL的文件名中储存了自动校准计算的调整量。（运行模式4、7和8的）假设模拟，抽取并使用这些文件中的调整量。

新的排放

需要为现在不存在但将来会出现的排放（或其他特征）预先做好准备。正如在废水流量和质量数据部分中所讨论的，应该将这些排放的数据列入其中，但在排放出现以前，在进行计算时令排放流量为零。

这样做的原因是由于自动校准。如果在自动校准之后输入要素，它不会在文件.FCL和.QCL中有记录，这是个大问题。如果未进行存储，SIMCAT就会生成错误信息，只能重新输入要素，重复自动校准。而且，如果希望进行新排放“之前或之后”河水水质的图解比较，图解结果中的比较选项要求两组数据中的特征具有相同的数量和位置。

排放限值的自动校准

计算河水水质标准要求的排放限值，SIMCAT将河水水质指标与下游河水水质T的分布百分位数值相比较。如果这些数值几乎相等，用来计算T的排放质量分布就产生了要求的排放标准；否则SIMCAT将调整排放分布，并且重复整个计算，直到排放质量分布给出了要求的河水水质分布。该数据向下游进行传递。通过这种方式，SIMCAT可以向流域下游运行，计算出所有排放所需的许可条件。

24.4 SimBasinQ模型系统

目前，SIMCAT经进一步研发，成为SimBasinQ。这是一种流域模型工具，它的运行方式与SIMCAT相同，使用河流系统中流量和负荷的概率分布的分布点来计算符合水质指标的可能性，如果有必要，计算符合标准的许可条件。SimBasinQ 没有使用FORTRAN编码程序，而是使用了Excel电子制表软件界面、数据库和Decisioneering Crystal Ball统计软件包来管理随机数据集的开发以及校准和自动校准步骤。这就可以考虑更多的化学参数，并考虑将这些参数间的全统计相关性纳入模型。

SimBasinQ也有单一分布点稳定状态版本，它可以用于数据不足以证明代表性概率分布或水质指标不用百分位数表示的情况。现已对这个系统进行了特别修改，使其可以在中文状态下运行。这就是污染负荷分配系统（Pollution Load Allocation System，简称PLAS）模型。该模型可以计算流域中每个河段的承载能力，计算允许的污染负荷，还可以评估对水质可能产生的影响以及不同污染负荷管理方案下水功能区达标的可能性。

24.5 混合区

混合区是受纳水体中废水最初稀释的区域。如果许可证允许废水中的一种物质的浓度超过受纳水体的EQS，那么混合区就是当废水含有该物质的最大允许量时，超过EQS的排水口附近的水区或水量。如果它没有威胁到整个受纳水体的达标性，该混合区是合理的。由于水体的流动性，混合区的大小可以在空间和短时间内发生变化。界定合法混合区范围非常困难，而监测许可的排污点和EQS达标评估也非常困难。

EQS指令2008/105/EC 第4条规定：

成员国可设立邻近排污点的混合区。附录I的A部分中列出的一种或多种物质的浓度如果不影响地表水其他水体的达标情况，那么在混合区内这些物质浓度可以超过有关的EQS。

设立混合区的成员国应在根据指令2000/60/EC第13条制订的流域管理计划中包含以下内容：

（a）定义混合区所用的途径和方法；

（b）为了减少混合区未来的面积而采取的措施，例如根据指令2000/60/EC的第11条第3款（k）的规定采取的措施，或参考指令2008/1/EC中的规定或指令2000/60/EC的第11条第3款（g）中规定的优先条例来审查许可证。

设立混合区的成员国应确保：

（a）限制在排污点的附近；

（b）比例均衡，要考虑到排污点的污染物浓度以及先前条例指令规定的污染物在排放物中的浓度，例如参考指令2000/60/EC第11条第3款（g）和其他有关的共同体法律并根据最佳可行技术和指令2000/60/EC的第10条，尤其是在审查了那些先前的条例之后签发的授权证书或许可证。

应根据参考该指令第9条第2款的监管程序，采用确认混合区的技术指南。

当EQS指令设定选项时，它并没有对“混合区”进行明确定义。WFD共同实施战略中提出了对混合区指南的需求，成立了工作组起草混合区指南。目前已经在Europa网站上公布了指南，它分成两卷——识别混合区的技术指南和识别混合区的技术背景文件，两个文件都可从下面的网页中下载：

http://circa.europa.eu/Public/irc/env/wfd/library?l=/framework_directive/guidance_documents/guidelines_mixing&vm=detailed&sb=Title

附件9中有这两个文件：

附件9——TECHNICAL GUIDELINES FOR THE IDENTIFICATION OF MIXING ZONES_C(2010）9369_EN.doc。

附件9——Technical Background Document on the Identification of Mixing Zones.doc。

没有正式定义时，起草小组商定了可行的定义来帮助形成这些技术指南。这些可行的定义是：

“混合区由主管当局设定，是邻近排污点的地表水体的一部分，并且这部分水体内有关污染物的浓度可能超过有关的EQS，假设地表水体的其余部分仍然符合EQS。”

指南中采用术语“混合区”，必须基于AA-EQS 和/或 MAC-EQS的规定评估混合区的大小。

同时，指南指明了EQS指令的要求和指令中列出的控制物质，指南中指出的原则适用于有可能造成损害的任何排放物。

指南旨在协助主管当局首次在需要的地方建立混合区，然后使用层次划分方法确定其大小和纳污能力。

附件9中提供了混合区技术指南和详细资料：

附件9——TECHNICAL GUIDELINES FOR THE IDENTIFICATION OF MIXING ZONES_C(2010）9369_EN.doc。

24.6 间歇性暴雨排水建模（城市污染管理（UPM）手册）

完全区分开污水和地表水收集系统，有助于将雨天对河流和湖泊的污水排放降到最低。在许多地方，污水和地表水收集系统的混合仍较为普遍。该系统与合流下水道溢流系统（CSOs）建在关键地点，从而在暴风雨期间将稀释的污水排放到河流中。这种合理的设计对暴风雨期间预防河道严重污染至关重要。英国在改善合流下水道的设计、使用下水道网络模型来了解系统性能方面已经做了大量的工作，以此来优化用于降低溢流频率和严重性的措施。水研究（FMR）机构于1998年出版的城市污染管理（UPM）手册中对这个过程做了描述。附件8提供了这个交互式电子书的副本和建模辅助工具。为了与水框架指令接轨，UPM手册目前正在处于审核中。

已经确认的最有可能被间歇性污水排放影响的是：

- 河流水生生物

河水或其他淡水体中常常存在短时间的低浓度DO或高浓度未离子化氨的情况，这会影响无脊椎动物和鱼类的生存，从而影响可持续渔业的发展。雨期污水排放是引发这类事件的原因。

- 游泳和贝类渔业

该指南适用于确定浴场海域和贝类养殖海域，这些海域要求必须遵守《EC浴场海域或贝类海域指令》。间歇性暴雨污水排放可增加这些指令中微生物标准不达标的风险。

- 总体舒适度

水体的舒适度受许多可见因素影响，包括大块污物的出现。CSOs的污水排放常常是大块污物的主要来源。

大多数的暴雨污水排放持续时间相对较短，但如果河水稀释度低，这些排水极具污染性。为了保护淡水水生生物免受雨天污染事故影响，有两种方法可用于确定氧和氨浓度标准，这两种方法是：

与污染事件的特征直接相关的间歇性标准。这些标准用浓度—持续时间阈值来表示，具有许可的间隔时间和频率。

基于90/95百分位阈值外推计算高百分位数标准（如99百分位数）。

根据现场具体条件的环境政策，要求能证明两种标准或其中的一种标准达标。

25.1 引言

面源污染是监管部门面临的主要挑战。在有些情况下，造成面源污染可能是因为没有有效的监管，但是，在大部分情况下，它可以归咎于人类活动未被直接监管或监管政策未考虑到人们与环境之间的相互影响。例如，公路排水沟使地表水远离公路，避免公路被水淹没以造成危害。监管政策与公路规划和公路使用者安全有关。例如市民在洗车时把具有污染性的清洁剂和油污冲入到公路排水沟。即使存在阻止该行为的地方法律，但从人文学角度来讲，拥有干净车辆无可厚非，这种无视法律的做法也算说得过去。

2007年，环境署提供了一份非常有用的面源污染报告，报告包含在附件5中：

附件 5——EA Diffuse Pollution Report.pdf。

以下是面源污染报告的执行摘要：

"在英格兰和威尔士地区，扩散性水污染问题非常严重，由许多微小或分散的污染源造成。它对湖泊、河流和近海的生态、地下水的水质和供水成本造成了广泛且长期的威胁。"

如果我们要确保水资源的可持续使用，必须要解决面源污染问题。扩散性水污染在重要的措施实践中十分重要，如水框架指令的实施和欧盟（EU）政府开发的水务策略。

我们主要关注：

- 河流、湖泊、河口和近海中可能导致富营养化的高浓度营养物质；
- 饮用水的硝酸盐污染；
- 从工厂泄露流入河流、湖泊和地下水的危险化学品；
- 进入河流、湖泊和地下水的农用杀虫剂；
- 由于畜禽粪便中有机物污染引起的溶解氧损耗；
- 土壤侵蚀的泥沙沉积，造成河流、湖泊和河口中栖息地的封闭；
- 农业废物和非法污水排放所致的浴场海域和养殖海域的细菌污染。

我们需要在许多行业中采取协同行动。欧盟水框架指令（WFD）是环境立法的新形成，有助于达到这一点。它要求截至2015年，所有的内陆水域和近海水域都处于良好状态。我们正在建立流域分区，在分区内需要设立包括地表水生态指标在内的环境目标。作为这项工作的一部分，重新把重点放在监测上，从而提供更多关于面源污染影响的信息，由此可以制订出有针对性的措施来改善水质。

我们需要解决城市和农村污染问题。在城市地区，公路和其他表面的径流、错误连接到地表排水沟的污水排水沟、泄露的下水道和溢出的化学品以及油类和燃料对河流和地下水造成污染。我们想用可持续排水系统（SUDS）拦截污染物并降低洪水风险，使它成为城市设计的共同特征。同时，还将与中央政府和地方政府通过土地使用规划和补救措施，共同促进SUDS的发展并降低扩散性水污染。

我们正与企业一起努力，例如通过关心油类运动，来提高污染预防水平。希望所有的工业部门都采取简单明了的措施预防面源污染。在过去的10年里，通过投资和监管等使污水排放和水质得以改善。同时，需要进一步采取更多的措施来提高污染风险意识，如安全储存化学品、更好地维护污染控制设备和进行员工培训等。我们也请求公众注意废机油和化学品的处理并确保他们的排污管连接正确。我们想让建筑审查员核查新开发的房产的排污管未被非法地连接入净水下水管。

环境、食品和农村事务部（Defra）和威尔士地方政府（WAG）正审查扩散性水污染的非农业源。他们正与我们、工业部门和其他部门一起努力优先应对最紧急问题。他们将评估现有措施的有效性并决定需要做出哪些改变及制订哪些额外措施。专家指导小组已经成立，把这项工作计入日程，两个政府最近已经就此问题召开公共磋商会议。

农业活动是面源污染的重要来源。无机肥料的使用量远高于50年前，并已经导致了水中营养物质含量的增加。如果存在动物粪便或饲料废水，则农业径流会大大降低水中溶解氧的含量。从粪便中冲走的细菌散布到土地中，可对浴场水域的水质产生负面影响。不合理的耕作、家畜对河堤的踩踏、建筑及其他土地干扰活动造成的土壤侵蚀，最终导致沉积物在河流和湖泊中的堆积。

我们将与农场主、自然英格兰合作伙伴、Defra、WAG和其他部门共同努力，采用有针对性的建议，必要时采用奖励方案来保护水环境。农业—环境方案，例如在英格兰、威尔士的Tir Cynnal及Tir Gofal实行的环境管理项目，正雇用土地管理人员，采取资源保护措施，例如营养物质和土壤管理措施，同时引入缓冲带保护水环境。专业顾问正与英格兰40个河流流域和威尔士2个河流流域的农场主一起工作，根据“流域敏感畜牧业执行倡议书”的要求，分享意见和知识以减少水污染。顾问们不仅给农场主示范如何管理车间和农场，还一对一地与农场主共同工作并提出建议，例如，就肥料使用和畜禽密度方面提出建议。英格兰和威尔士的“流域敏感畜牧业执行倡议书”侧重点在于在当地，推动农场主、农场顾问、政府机构和其他组织齐心协力，共同保护水环境。

为了进一步减少城市和农村面源污染，我们可能需要新的或改进立法权，例如加强土地管理实践，以及自愿、监管和经济措施的组合。

25.2 农业面源污染

环境监管面临的一个主要挑战是查找面源污染的来源和起因。对于点源污染来说，传统的基于许可制度的监管效果很好，但在应对面源污染，例如来自农业实践、林业和城市不透水面的污染径流时，这种监管方式没有产生预期效果。这表明，人类和组织的行为改变是造成面源污染的主要原因，然而我们却完全无视这些活动所产生的影响。

最近的几十年内，欧盟（EU）在减少点源污染方面已经取得了很大的进展，非点源/面源污染，尤其是农业氮、磷等营养元素所致的面源污染仍旧非常严峻。意识到这个问题的人很少，而大多数农场主（约85%，据英国审计委员会2010年的调查）并未意识到他们自身是造成地表水和地下水污染的主要原因。通常，肥料、杀虫剂或粪肥/污泥的使用与其通过地表或地下途径进入河流过程之间有很长的时间间隔。这要取决于对传输路径有影响的天气和地点具体因素。

可以肯定的是，单一工具无法执行有效的面源污染控制，需要各种各样的措施。最直接的措施可能是金融手段——针对特殊的活动进行税收、罚款或补助。但是这些手段可能会在社会某些行业内产生不满并可能扭曲市场，导致环境、社会和经济问题增多。长期以来，为了让民众充分了解良好环境的价值，创新、教育和逐步引导可能是最有效的方式。当人们逐渐认识到目前导致面源污染的活动严重危害社会，造成面源污染的责任人也会尽可能地改变活动方式。

环境监管机构具有相关的技术知识和技能，以促进人为活动的改变，但其常常受严格指令的限制。通过有针对性地使用社会网站，有机会影响公众态度，例如NGOs针对单个问题确实有明显的效果。如果消费者想要使用这些网站，可能会造成“知情”消费者要求零售商向其供应商施加压力以说明并证实其环境资质。

农业政策中的不当激励措施应被废除，如提高生产价格或忽视化学品使用等行为。这些行为会鼓励集约农业，过度使用化学品，而这些化学品最终融入降雨径流，给环境带来了污染。最好将补贴投入到教育项目和设备供应，让农民估算其土地和农作物所需的具体肥料，计算出确切的施肥数量并更正施肥时机以使得利益与产出最大化，废物与径流最小化，并且进一步节约了农民的肥料支出。

2012年OECD公布了农业活动对水质影响的综合报告，详见：

http://www.oecd-ilibrary.org/environment/oecd-studies-on-water_22245081

25.3 流域面源污染建模——源和汇

整个欧盟都非常关注各种各样的污染物，这些污染物同土地利用变化和气候变化一样，均能影响水资源系统。随着欧盟共同农业政策和农业改革的实施，农业和土地利用情况已经发生变化，而这在今后还将继续。水框架指令也会在未来的10年里进一步推动新政策的出台。并且气候变化改变水文情势和温度，进一步影响水资源、河流生态、农业、陆地生态系统和土地利用。例如，低地和高地淡水系统中的氮（N）可引起富营养化，导致水生植物的快速生长。这些植物的快速生长会阻碍其他植物的生长，同时在淡水生态系统中，死亡植物的微生物降解过程降低水体中溶解氧含量，对无脊椎动物和鱼类种群造成负面影响。在低地、集约农业养殖区，肥料是氮（N）和磷（P）的重要来源，而在城市区域，生活污水和工业废水排入到受纳河道和地下水中，淡水富营养化问题通常与这些区域有关。

同时，已经实施管理策略以控制河流系统中氮（N）和磷（P）的含量，这些策略解决单一问题：扩散源或点源，高地区域或平原地区。但是河流中氮（N）的浓度和负荷却反映了流域氮（N）源（肥料投入、大气沉积和污水排放）的综合效应。植物生长和土壤中有机氮的矿化作用与这些人为投入进行叠加。而且，多个流域的氮（N）源对下游具有综合影响，影响下游水资源利用以及河口区域和海域的水质。因此，考虑到氮（N）问题的整体性质，需要采用综合管理方法。

已经开发的INCA模型即采用综合方法。INCA模型开发作为2个欧盟投资项目（EU－INCA和Eurolimpacs）以及由环境署、英国电力公司、英国环境、食品和农村事务部（Defra）、自然英格兰合作伙伴、英国文化遗产保护机构、英国工程和自然科学研究理事会（EPSRC）和英国自然环境研究理事会（NERC）投资项目的一部分，模型开发历时12年。

INCA基于植物/土壤系统动态、河道内生物地球化学动态和水力学动态表征计算过程。INCA模型用于评估流域的众多环境变化问题，如土地使用变化、气候变化和环境污染变化。该模型适用于欧洲的主要生态系统。

INCA模型用于研究水生环境和陆地环境中化学品的归宿和分布。该模型模拟流量和水质并追踪其在陆地和水体中的流经路线。模型是动态模型，依据输入的污染源条件的变化，如大气沉积、污水排放或肥料使用，能够研究流量和水质的逐日变化。模型也可以用来研究土地利用的变化（如沼泽地变森林或牧场变耕地）或气候条件的变化。模型中不但包括稀释、自然腐败和生物化学转化过程，而且还考虑其与植物生物量（如陆生植被或河流水生植物的营养物摄入量）的相互影响。

INCA输出图像清晰，模型使用简单且快捷。用户可用菜单系统规定流域的半分布式性质，改变河段长度、速率系数、土地使用情况、流速－流量关系以及改变输入负荷。

INCA的输出结果包括：

- 沿河选定位点的每日流量和水质浓度；
- 选定时间内沿河的流量或水质曲线图；
- 选定位点流量和水质的累积频数分布；
- 各点的统计数据表；
- 所有土地使用和所有过程的日污染负荷和年污染负荷。

欧洲其他地方也开发出相似模型，用于计算不同土地使用类型的氮（N）和磷（P）径流量。这些模型由土地使用数据、污染源因素、迁移因素和输移因素构成；数字高程地图（DEM）也可用于计算土壤侵蚀率、划定土壤侵蚀区域和计算从土壤侵蚀区域到地表水体的最短流路。

25.4 城市面源污染

从城市发展方面来讲，为了将污染和洪水风险降至最低，目前已经在促进雨水径流的敏感管理方面做了很多工作。最好在规划阶段采取措施。尽管可以采用改良的解决方案，但是对城市居民来说，这些方案花费太高且具有破坏性。对新开发房产和重建房产排水的可持续管理来说，需要有强有力的监管措施，把对居民和环境的风险降至最低，同时，在许多地方创建良好的氛围和娱乐特色，例如湿地或池塘。

城市面源污染的主要来源是公路公园受污染的地表水径流、暴雨污水溢流、下水道泄露和向地表水的非法排放等。

英国已经查勘了所有城市排水系统的地下资产（下水道、入孔、泵站等），并把这些资料数字化，输入GIS和资产管理系统中。然后利用水力模型（如HR Wallingford / MWH开发的InfoWorks模型）分析这些网络。这样就可以了解这些网络如何运行，洪水灾害地区和下水道溢流排入河水的位置和溢流频率等。撰写每个流域的报告并将其作为了解污水管道系统的水灾风险和水质影响的规划工具。第24章中论述的UPM标准和程序非常重要，有助于对设计合流下水道和地表水下水道水质方面的了解和控制。附件8中有UPM手册。

污水和地表水收集系统的完全分离有助于将雨天排放到河流和湖泊中的污水降至最低。在很多地方这两种收集系统的组合仍很普遍，在关键位点该系统与合流下水道（CSOs）合建，从而在暴风雨时期将稀释的污水排放到河流中。这种合理的设计对暴风雨期防止河道严重污染至关重要。英国在改善合流排水管网设计和使用排水管网模拟模型了解系统行为方面已经做了大量的工作，因此进一步优化措施设计从而降低溢流频率和严重性。水研究（FMR）机构于1998年发表的城市污染管理（UPM）手册描述了模拟过程。附件8提供了交互式电子副本和建模辅助工具文件。

附件5中为环境署的面源污染报告：

附件 5——EA Diffuse Pollution Report.pdf。

25.5 可持续城市排水

城市化引发的一个最大问题是产生了大量的不透水区域，阻止了降雨入渗，并且还要求地表水径流被快速输送到最近河道中以防止发生洪灾。遗憾的是，这可能造成别处发生水灾和污染。过去城市发展规划者认为，降雨径流多余无益，要尽可能快地收集，然后通过管道输送排放到河道中。现在规划者意识到该政策是不合理的，意识到不能有效管控水灾和污染风险的城市规划会损害城区外居民的利益。

从某种意义来讲，目前面临两个挑战——处理由现有发展引发的问题；阻止未来发展可能出现的问题。

可持续城市排水旨在尽可能地从源头处理地表水，从而实现完全入渗，来补给被城市不透水设施覆盖的地下水。但实际上，在大多数情况下，这完全行不通，所以需要采用层次方法。设计应该利用地面条件将尽可能多的雨水渗入到与房产或公路邻近的渗滤坑里（也可以将降雨径流成为污水的风险降至最低）。衰减池或蓄水池/槽应能处理自然洪峰，并在暴雨停止后，除蓄水池中的水排到河道外，其余的都排入地下水中。此外，暴雨规划应确保城郊公路大体上先于居民建筑被淹，形成紧急地表水泄洪区。对城市地区而言，整体目标是对排入河道或地下水的径流量大体上没有影响的。

很显然，在新开发区域设计合适的排水措施显然要比对现存区域进行可持续排水综合改造要容易得多，但这些区域还有些著名的个案研究。例如，在美国的波特兰州、俄勒冈州实施的雨水管分离项目，分离了42 000户的雨水管，使每年排入到合流排水系统中的流量减少942 000 000加仑（约合3 500 000 m^3）。

http://www.portlandonline.com/bes/index.cfm?c=29323

在英格兰和威尔士，环境、食品和农村事务部（Defra）最近商讨了重新开发和再开发的SUDS提案。条例预期在2012年公布，条例将规定开发商在开始任何施工工程前必须从当地政府获得SUDS许可。开发商必须证明其能够按照符合洪水风险和水质保护标准草案的规定实施地表水排放，如果可能的话，还要改善环境的舒适度和生物多样性。

26.重大/突发性污染事故的管理程序

26.1 预警和应急响应系统（EWERS）

可从网址http://www.euchinarivers.org/en/Search.aspx?keyword=ewers获取EWERS项目的资料和文献。

当工厂烧毁、尾矿坝溃坝或化学品运输泄露时，有毒化学品最终都会进入河水。政府当局必须对这些紧急事件做出快速响应，采取快速而全面的决策，例如，是否应该停止向下游城市供水，是否应该从水库放水稀释污染物，或者是否应该关闭水库截留污染物。

EWERS包括几下几个关键部分：

- 通过风险评估预防；
- 通过监测查明未知事件；
- 通过模型模拟预测污染物迁移转化并进行响应规划；
- 污染相称等级各方有效的共同努力；
- 训练有素的员工赶赴现场并采取措施；
- 事后分析并吸取经验教训。

26.2 引言

重大污染发生时采取具有逻辑层次结构的行动。

任何污染事故发生时，尤其是污染影响很明显并严重时，监管部门的首要责任是确保证据不缺失，从而为今后对污染者实施法律强制执行时使用，次要责任是调查、控制、减轻并把污染影响减至最小。

但是，如果污染对人类健康造成了切实风险，引发了公众紧急事件，首先必须集中所有的努力确保尽可能快地将健康风险降至最低。那是区域或地区或中央政府紧急事件公共机构的职责，必要时候由环境监管部门和具有风险和管理知识的专家提出建议。在这种情况下，紧急事件指挥者协调并指挥受影响区域所有人员的行动，包括环境监管人员。事故发生地点证据的收集必须等到紧急事件协调人员认为事故风险达到了可接受水平时才能进行。这可能使确定污染责任更难以解决。但是，对事故现场外影响的相关证据的收集，如河道中调查死鱼进行死因调查，通常还是可行的，并且有助于界定受损程度。

26.3 欧盟共同行动

欧盟已经建立了针对公民保护的共同体机构，归欧盟人道援助和公民保护司管理。

http://ec.europa.eu/echo/civil_protection/civil/prote/mechanism.htm

机构的主要职责是在重大紧急事件发生或即将发生时，参与采取紧急响应措施，推动成员国在公民保护方面共同合作。因此，它是在公民保护方面加强各机构共同合作的有利工具。

该机构有四个主要部门：监测和信息中心，一般紧急事件和信息服务机构（CECIS）、培训部门和公民保护部门。

监测和信息中心（MIC）是该机构的运营中心。它由欧盟委员会的DG ECHO管理，每天24小时工作。它提供了一个有利平台，各国可以在这个平台上享受所有参与国间都可使用的公民保护的一站式服务。受到重大灾难影响的欧盟内外的任何国家都可以通过MIC请求援助。它是各参与国、受影响国家和现场专家间的通信枢纽。它可提供与紧急事件实际状况相关的有用与最新信息。但并非是最不重要的，MIC起着协调作用，它调配参与国提出的援助供应与受灾国家的需求。

一般紧急事件和信息服务机构（CECIS）是基于网络的、可靠的警报和申请系统，旨在方便参与国间的紧急通信。它提供了一个综合平台，该平台可以发送、接收警报信息及所需的援助详细资料，提供援助并通过网上日志形式查看紧急事件的发展情况。

成立培训部门的目的是通过确保参与国间的一致性和统一性提高公民保护援助干预的合作。它还通过分享最佳实践的方式，加强参与公民援助行动专家的技能。这个项目包含培训课程、组织联合训练以及参与国的专家交换系统。

公民保护部门使用一个或多个成员国自愿提供的国家资源。他们具备欧盟理事会在2005年6月的结论和欧盟议会在2005年1月的决议中对于海啸灾难所要求的公民保护快速响应能力。欧盟委员会和成员国一起确定了13个公民保护部门。

危险化学品重大事故的控制指令（COMAH）与IPPC指令密切相关。它重点规定了事故性排放而引发的环境保护、对危害环境的物质尤其是水生有毒物质的防护。它介绍了与安全管理系统、应急规划和土地使用规划有关的新要求，并加强了关于审查和公共信息的规定。

26.4 成员国级别——英国实例

英国拥有强大的紧急应急管理框架，框架内有大量关于规划和响应的信息。经常在所有管理和响应级别进行实践。在中央政府级别，内阁办公室负责制订针对任何紧急事件的响应计划。可在内阁办公室民事突发事件网页上获得指南等详细资料：

http://www.cabinetoffice.gov.uk/content/civil-contingencies/

关于英国系统抗灾力的资料可从以下网页获取：

http://www.cabinetoffice.gov.uk/ukresilience

内阁领导部门是民事意外事件秘书处。它管理着英国系统抗灾力网站，网站上有关于突发事件预备的章节（http://www.cabinetoffice.gov.uk/content/emergency-preparedness），包括基础设施抵抗力（http://www.cabinetoffice.gov.uk/infrastructure-resilience）和公众抵抗力（http://www.cabinetoffice.gov.uk/content/community-resilience），网站上还有关于应急响应和恢复的章节（http://www.cabinetoffice.gov.uk/content/emergency-response-and-recovery）。

基本原则是逐层响应原则，如果事件紧急，事故协调要快速从地方移至区域再到中央。事故应急响应机构，包括环境监管部门，作出的事故响应遵循“金－银－铜”的指挥结构。这建立了对重大事故和灾难的指挥和控制的层次框架。如果事故对政府意义重大，由内阁委员（COBR）进行“铂金级控制”。

另一种指挥结构是“战略—战术—操作”指挥结构，但不同类型的结构作用却是相同的。

同时，这个系统并没有清楚地表示出等级层次，所担当的职责并不限于职衔，通常是指挥系统等同于排序级别。

26.5 地方污染事故

对于不太严重的事故，如果资源有限，由于资源通常存在于事故早期阶段，调查员需要优先把精力投向保护证据，同时在事故应急响应时提供建议并进行组织领导。

对于调查员而言，很容易偏离收集证据的职责，尤其是当他认为采取紧急措施可以防止事态扩大时。但是，如果没有仔细地收集证据，由于呈交法庭的证据不全，违法者就有机会逃脱应得的惩罚。污染事件发生后，开始调查的时间越久，就越难获得令人信服的证据来指控有罪一方。

环境监察指南提供了一套如何获取环境绩效调查资料和处理事故的资料——《环境监察工具书》（附件 3——1999-02-refbook-FINAL-REPORT）和环境监察渐进式指南《做正确的事情2》（附件 3——2007 step-by-step-guidance-book-FINAL-REPORT）。

26.6 事故分类

环境事故发生时，监管部门很大程度上都依赖公众告知。在事故早期阶段，监管部门调查员开始事故调查之前，确定事故的严重程度是很困难的。显然，对于监管部门而言，关键是要将最多的资源投入到处理最重大的事故中。根据事故人员对事故的描述对污染报告进行分类。依据环境署的事故分类系统，事故可分为4类（附件 10—— Common Incident Classification System _04_01.doc）。环境署对不同类别事故有目标响应时段，最重大的事故要在接到通知的2小时内开始调查，同时，最不重要的事故可以在若干天后进行调查。

27.1 引言

监管部门的重要难题是监管机构要在政府部门、办事处以及当地政府间确定不同的地方、区域和国家的司法管辖范围。通常情况下，国家和区域范围、土地使用规划以及地方当局的司法范围与用于流域规划的自然水文流域没有任何相似之处。流域内某一地区的土地使用决策可能对同一流域其他地区或是其他流域产生重大影响。只有相关利益者之间有良好的对话、对流域问题和动态有充分了解，才能进行综合水资源管理和有效的流域规划。

在欧盟（EU）级别，水框架指令实施的共同实施战略（CIS）旨在促进对问题以及解决问题的方法达成共识。成员国已经达成实质性共识，这就是对于一系列水框架指令问题进行商定最佳方法的CIS文件，尽管这个文件不具有法律约束力，但还是提供了判断个体行为的参照标准。CIS网站提供了大量文件资料，可以访问网页：

http://ec.europa.eu/environment/water/water-framework/objectives/implementation_en.htm#cis

在欧盟级别，成员国可向欧盟法院提交未实施或未遵守欧盟法律的案件，该做法可强有力地约束对于传达协商结果的政治拖拉之风。欧盟委员会、成员国、个人、企业或非政府机构（NGOs）都可提出诉讼。欧盟委员会在其网站上概括了欧盟委员会的执法情况：

http://ec.europa.eu/environment/legal/law/index.htm

迫使成员国在某种程度上以和谐方式处理环境犯罪的一项重要举措是关于通过刑法保护环境的2008/99/EC指令。这个指令要求成员国规定对于最严重的环境犯罪要采取刑事制裁，因为只有这种措施具有足够威慑力阻止犯罪，从而保证环境法的正确实施。可从以下网址获取更多资料：

http://ec.europa.eu/environment/legal/crime/index.htm

27.2 莱茵河公约

莱茵河公约旨在保护并改善莱茵河生态系统。

新的公约的目标如下：

- 通过以下措施实现莱茵河生态系统的可持续发展：

——维护并改善莱茵河水质及其自然功能；

——保护物种多样性；

——减少污染；

——保护并改善野生动植物的栖息地；

——确保水资源的环境健康管理；

——开发航道时考虑生态需求。

- 生产饮用水；
- 改善沉积物质量；
- 防洪；
- 调整措施，保护北海。

沿河国家承诺：

- 采取合作行动，保护莱茵河；

- 开展与莱茵河有关的项目和研究；
- 确认造成污染的原因和责任方；
- 确保易于对生态系统有严重影响的技术措施以及废水和危险物质的排放要提前批准；
- 降低环境事故的风险。

莱茵河保护国际委员会（ICPR）由成员国代表组成。委员会主席由各成员国轮流担任。ICPR共同决议并向各成员国传达。ICPR的职责包括：

- 筹备关于莱茵河生态系统的研究和项目；
- 提出行动建议；
- 评价实施行动的有效性；
- 协调统一预警和警报；
- 告知公众莱茵河的状态和其运作结果。

每年，ICPR都起草活动报告并提交给各成员国。

成员国定期向ICPR报告为执行公约所采取的立法、监管和其他措施，以及执行措施的结果。

有关莱茵河公约的更多资料可从以下网站获取：

http://europa.eu/legislation_summaries/environment/water_protection_management/l28115_en.htm

http://www.iksr.org/index.php?L=3

27.3　多瑙河公约

另一个类似公约——多瑙河公约，适用于多瑙河沿河国家，多瑙河流经沿河国家流向黑海。公约的详细资料和根据公约规定采取的行动可从http://www.icpdr.org/获取。

27.4　英国国家政策说明

在国家层面上，联合政府正起草英格兰和威尔士重大基础设施项目《国家政策说明（NPS）》，为确保重大意义的国家项目，如能源产生、运输基础设施、供水系统、废水废弃物处理等的完善，实施统一规划和许可证程序。这些决议在地方通常会引起争议，由于当局之间的意见不统一，致使一直被推迟执行。

NPSs在发布之前进行了研讨，包括政府在特定行业和州开发具有国民意义的重大的基础设施的目标：

- 这将如何有助于可持续发展；
- 这些目标如何与其他的政府政策结合，如减缓与应对气候变化的相关政策；
- 如何将实际的设计能力和需求考虑在内；
- 考虑与安全或技术有关的相关问题；
- 处理发展所造成的负面影响尤为重要的情况；
- 给投资和规划决策提供清晰框架的特殊位点。

NPS方案决议由基础设施规划委员会（IPC）实施。政府目前正将其责任移交给现有的规划监察局。

NPSs和IPC的详细资料可从以下网站获取：

http://infrastructure.independent.gov.uk/

2012年3月以后，更多的资料可在规划监察局网页上获取：

http://www.planningportal.gov.uk/planning/appeals/planninginspectorate/

强制执行和诉讼是环境监管部门不可或缺的工具，但是这些工具几乎总是由于环境损害而使用，从而这种监管过程无法阻止环境损害的发生。

尽管如此，但对监管部门而言，强制执行的权力和对违法者使用强制执行权力的明确意愿是监管工具箱中必不可少的部分。

犯错必将受罚可极大地促使那些可能想做不正当事情的人很好地表现，以免受处罚。

28.1 引言

强制执行和诉讼可在多个层面上实施：

- 欧盟委员会可以在欧洲法院就未实施指令或不遵守指令规定的行为，如事先授权、许可、上报等，对成员国提起违法控告。
- 成员国的内阁议会可谴责监管部门在保障预期环境效益时执行力欠佳，如果监管部门未遵守法定程序，受害方可有权申请司法审查。
- 监管部门可对经营者、排污者和污染者采取多种执行措施，包括由监管部门或检察官提起的刑事检控，对有罪方进行监禁或罚款。

不管是什么层次的强制执行，都可能有多重目的，最重要的目的可能是：

- 防止不守法情况的发生或再发生；
- 调整对环境（和受影响企业）所造成的损害；
- 鼓励其他人遵循良好实践；
- 为了公共利益进行惩罚；
- 代表社会对给环境造成严重损害的行为进行惩罚。

监管部门可用的强制执行方式各种各样。执行方式的精确组合根据成员国的法律和惯例而有所不同。这些执行措施涵盖刑事制裁和民事制裁，包括监禁、培训和教育。强制执行的共同目标是减少风险性高或对环境实际损害程度高的违法行为。

在监管部门提供的证据的基础上，刑事强制执行可由环境监管部门完全担任或在成员国中通常由检察官担任。刑事强制执行通常仅用于对环境造成或已经造成严重损害时，或故意造成严重损害时。刑事强制执行是针对造成或允许环境犯罪的法人（根据犯罪的程度和性质，可以是公司、董事、经理或技术人员）实施的。惩罚措施可包括罚款、监禁及支付环境损害和经济损失。如果条件适合，刑事强制执行适用于通常不需要获得环境许可的活动引发的事故性污染，例如由于不合格的维护工作导致的排污管溢流事故。国家法律可以确定那些引发污染、未获得许可证或未遵守许可规定的单个刑事犯罪。引发污染通常被认作较严重的犯罪，而在很多情况下能够侥幸或由于保守的许可限值而逃脱法律制裁，即违背许可情况并未造成污染。例如，高浓度排放违背了许可条件但由于河水流量大使排放迅速稀释，所以并未造成污染。

民事制裁也称为行政执法，通常用于处理持有许可证或通知书的低风险活动、未造成严重污染的技术违法行为（如没有保留足够的记录，没有上报数据等）。一般情况下，这种制裁由监管部门实行罚款，重复犯错则进行刑事制裁。成员国间对民事制裁的规定也有所不同，如罚款是否可以或不可以留给监管部门用于环境目的或直接支付给中央政府。对于承认错误并愿意支付修复费用的情况，也可以适用其他几种行政或民事管理方法。

28.2 英国环境法的执行

英国的环境法直到最近才实施主要立法规定的刑事制裁。监管执行和制裁法允许监管部门使用民事制裁作为附加的强制执行手段。

起诉时，监管部门必须密切注意证据的收集并提交给法庭。证据必须是非常有效的证据，能够经受法庭上的合法审查。《皇家公诉人证据要求法》中制订了这些要求（附件 10——code for Crown Prosecutors 2010english.pdf）。

由法院实施的任何罚款都交给政府，因此监管部门没有任何动机使用强制执行来作为收入来源。但监管部门可因为应对污染事故采取措施和提起诉讼等行为由法院进行经费奖励。诉讼成功对受到污染事故影响的任何一个人都是有利的，这是因为在寻找违法者所造成的损害时，它可以作为证据提交给民事法庭。

环境署强制执行的方法可参见网站：

http://www.environment-agency.gov.uk/business/regulation/31851.aspx

附件10中有该网页和强制执行政策和指南文件的超链接（附件10——Enforcement - EA Web Page.docx）。

28.3 民事制裁

第一次工业革命发生在欧洲，并且欧洲仍然保留着工业革命的后遗症。由于我们祖先的活动，欧洲大部分环境遭受损害，尽管在最近的60年里，由于各方的共同努力，清除最恶劣行为等工作已经取得了重大进展。在确保当地行政管理部门和商业团体关注我们赖以生存的环境方面，欧洲的环境监管已经取得了较大的成功。因此，现在监管重点正移向开发监管工具以逐步引导正确的行为，所以目前大多数受监管活动较少需要“严厉”或“直接”监管。鼓励监管部门把企业和公民作为他们监管的“顾客”，同时这些顾客需要良好且有效的监管服务，也期望监管部门能够提供合法的服务。毫无疑问，监管部门和企业就受监管企业的需求和问题以及监管使命之间达成的相互理解，会极大地帮助监管部门和企业确定达到预期监管结果。

直到最近，英国环境法仅通过刑事法庭强制执行。这对于严重污染不错，但却抑制了监管部门对不太严重的犯罪的强制执行，从而影响对环境的监管或监管的有效性。如果某人因为“小的”违法行为，如未根据许可规定保留记录或提供数据，而被判为有罪，人们会认为监管太严厉。企业主关心的总是允许在“公平竞争的环境”里竞争。没有保留记录或提供监管数据的被监管者总能逃脱监管并能够与完全遵守监管要求的竞争者竞争。

继汉普顿报告之后（参见第9章），环境署已经同意在刑事制裁过严或不可能产生达标要求的情况下，可以使用限定的民事制裁。

新民事制裁法赋予监管部门更广泛的监管组合工具，促使潜在的不守法的企业改进其行为，同时消除刑事诉讼的耻辱。

与起诉不同，民事制裁由监管部门实施或承担。环境署可以使用的民事制裁有6种：

- 下达守法通知——监管部门下达的书面通知，要求在规定时间内遵守法律或停止违法活动；
- 下达修复通知——监管部门下达的书面通知，要求在规定时间内将因不守法造成的损害尽可能恢复原状而采取的措施；
- 执行定额罚款处罚——监管部门可对规定的轻微犯罪实施法律规定的固定额度罚款；
- 实施强制执行——由监管部门正式接受的赔偿意向书，是对不守法和不守法所造成的后果进行赔偿而采取的措施；
- 不定额罚款处罚——一种按比例的罚款处罚，监管部门对较为严重的违法行为实施的处罚；
- 下达停止活动通知——书面通知，通知要求立即停止引发严重危害或有可能引发严重危害的活动。

从环境署网站上可以获得有关详细资料：

http://www.environment-agency.gov.uk/business/regulation/116844.aspx

附件10中有监管部门的Defra/WAG指南的详细资料（附件 10——Civil Sanctions defra-wag-guidance.pdf）。

环境署民事制裁网站：

http://www.environment-agency.gov.uk/business/regulation/116844.aspx

附件10中有下载文件（附件10——Copy of EA Civil Sanctions Web Page .docx），还有民事制裁的快速指导文件（附件10——Civil Sanctions Quick Guide GEHO0811BTVM-E-E.pdf）。

附件10中还有首次使用民事制裁的范例（附件 10 ——Copy of EA Web Page re Civil Sanctions – New powers improve environmental investment.docx）。

29.水环境监管的发展趋势

本章重点介绍了当前进行监管和许可审查的几个核心领域。

29.1　生态系统服务

人为原因造成的气候变化、人口指数的持续增长和世界金融危机，已经对环境容量、社会凝聚力和经济增长都产生了大量不确定性。核心是“可持续发展”，但令人担忧的是，以改善国民生活为目的的传统的以经济为主导的方式将超过更全面且内容广泛（包罗万象）的措施，从而继续占据主导地位。

但是，欧盟环境保护的经验让欧盟认识到所有人类的努力都严重地依赖于所有的自然资源，并且从长期看（且常常是短期），付出还是有回报的。除货币外，目前还没有能够测量或定量环境资源价值的相关指标。如今，又有了匆忙出炉的新方法对我们所使用的环境组分的价值（货币价值或相对价值）进行评估。这种方法可评估政策、立法和实施新举措在计划执行期间可能对环境、社会和经济造成全面影响，因此可对真正的社会价值进行评估。

因此，新兴的生态系统服务功能评估学科可能在立法尺度对“监管影响评估”、土地利用和环境监管部门决议等方面产生越来越多的影响。

生态系统服务功能可分成四大类：

- 支持功能，如营养物循环、产氧和形成土壤，这些功能是其他服务功能的基础；
- 提供产品功能，如食物、纤维、燃料和水；
- 调节功能，如调节气候、净化水体和防洪；
- 文化功能，如教育、娱乐和美学价值。

英国议会科学技术办公室备忘录中有生态系统服务功能的实用概要：

http://www.parliament.uk/documents/post/postpn281.pdf

更多资料可从Defra网站获取。Defra网站的生态系统服务功能网页中还有一些令人感兴趣的分析：

http://www.defra.gov.uk/environment/natural/ecosystems-services/

“自然给了我们什么”文件：附件 12——nature-do-for-you.pdf。

“为生态系统服务付费”文件：附件 12 ——payments-ecosystem.pdf和

“评价生态系统功能价值的引导指南”文件：附件 12 ——Eco - valuing .pdf。

某些具体的生态系统服务功能个案研究可从以下网站获取：

http://www.defra.gov.uk/environment/natural/ecosystems-services/research-and-case-studies/

29.2 创新方法

化学工程和处理工艺仍在不停发展。必须确保监管行为能够推动而不是遏制创新。受监管的行业通常对监管进行抱怨，但是如果监管筹划得当并实施得力，它可以刺激新工艺的创新和发展。设立更严格的标准可以推动新技术开发并提供发展的动力。下面是环境监管推动创新的范例。

- 设立严格的用水削减指标是优化稀缺昂贵资源的重要方法。不论什么情况，通过封闭系统和循环利用都可以节约大量的水。大多数情况下，工业也可节约大量成本，实现双赢，可以通过采取更严格的许可制度或通过定价机制进行经济调整达到这一目标。
- 设立严格的碳减排目标刺激了包括厌氧处理方法、污泥处理、堆肥处理和工艺优化在内的新工艺的发展，从而实现减排目标。废水和污泥处理时通过厌氧消化可大量生产能源甲烷。污水处理厂在能源上可自给自足，并可输出给电网。
- 如果监管激励措施使用得当，就能研发创新工艺和材料。创新领域包括生物工程、材料科学、纳米粒子和过程控制。

29.3 流域优化

欧盟水框架指令鼓励采用创新方法，寻找最经济有效的方式来实现水环境设立的目标。该方法可包括模拟流域行为来优化排放许可及排放特征。可以将其作为定期审查项目，上述SIMCAT、SimBasinQ和其他模型都能承担这项工作。

还有其他新发明，可以对河流流域排水和取水进行实时管理。通过这种方式，实施管控措施可以优化河水流量和污染负荷。

29.4 源头控制

预防胜于治疗。防止化学品和污染物进入水体能降低对人类健康和环境的风险。REACH就是个榜样。REACH是关于化学品和其安全使用的欧盟法规（EC 1907/2006）。它涉及化学品注册、评估、授权和限制。该法于2007年6月1日起实施，有关资料可从以下网站获取：

http://ec.europa.eu/environment/chemicals/reach/reach_intro.htm

REACH目标是通过更好、更简单的方法识别化学物的固有特性，从而提高对人类健康和环境的保护。同时，REACH旨在提高欧盟化工业的创新能力和竞争能力。因为越来越多的物质被逐步纳入REACH的管辖范围，所以REACH系统的优势逐渐显现。

REACH法规让工业承担更大的责任，要求对化学品带来的风险进行管理并提供这些物质的安全信息。法规要求制造商和进口商收集化学物质特性的相关资料，以进行安全操作，并把这些信息注册在赫尔辛基欧盟化学品管理局（ECHA）管理的中央数据库中。管理局是REACH系统的核心：它管理着操作系统所必需的数据库，协调可疑化学品的深度评估，并且正在筹建公共数据库，便于消费者和专业人士从数据库中获取危险品信息。

REACH法规也要求当最危险化学品已经确定有合适的替代品时，逐步使用替代品。

29.5 面源污染控制

环境监管面临的一个主要挑战是查找面源污染的源头和起因。这一点在第25章重点强调了，第25章研究了农村和城市面源污染以及正在研究的减轻影响的方法。对于点源污染来说，传统的基于许可制度的监管有很好的效果，但在应对面源污染方面，如来自农业实践、林业和城市不透水面的污染物径流时，这种监管方式并没有产生预期效果。这表明，人类环境行为的改变是造成面源污染的主要原因，然而我们却完全无视这些活动所产生的影响。

最近几十年内，欧盟（EU）在减少点源污染方面已经取得了很大的进展，非点/面源污染，尤其是农业用地的氮和磷等营养元素所致的面源污染仍旧非常严峻。通常意识到这个问题的人数很少，而大多数农场主（85%，根据英国审计委员会2010年的调查）并未意识到他们是造成地表水和地下水污染的主要原因。通常，肥料、杀虫剂或粪肥/污泥的使用与其通过地表或地下途径进入河流中，这两者有很长的时间间隔。这主要取决于对传输路径有影响的天气和地点等具体因素。

单个工具无法实现有效的面源污染控制，因而需要各种各样的措施。最直接有效的措施可能是金融手段——针对特殊活动的税收、罚款或补助。但是这些手段可能会让社会的某些行业产生不满并可能扭曲市场，导致环境、社会和经济问题增多。

长期以来，为了让人们充分了解良好环境的价值，创新、教育和逐步灌输可能是保证改善这一点最有效的手段。当人们认为目前导致面源污染的活动严重危害社会时，造成面源污染的责任人也会尽可能地改变他们做事的方法。

29.6 监管工具箱的发展

减少人类活动对水环境的影响有许多方法。传统的严厉监管方法，如许可证制度等并不能总是产生预期效果，“更好”或“现代监管”新举措则试图优化监管以实现社会和环境目标。参见上述第10章。这些新举措需要进行改变以符合行业成熟度、环境质量、改善和保护的时间尺度以及社会期望等。正因为这个原因，监管工具箱的发展趋势是使用监管组合工具来适应具体的行业和挑战。

现代监管逐步发展为使用监测和审查方法、强制执行和诉讼、民事和刑事制裁以及向公众提供信息。这种监管包括普遍可行的守法评估和诉讼政策、公共信息技术、编制污染排名表，这个排名表包括最佳和最差的执行者。

对于新兴高污染经济体的监管方法不同于成熟经济体的监管方法，成熟经济体需要在具有高度识别力的社会内维护并改善环境。面临的挑战主要是选择恰当的方法满足目前和未来需求，但允许采用逐步向水安全和可持续水环境靠拢的方法。

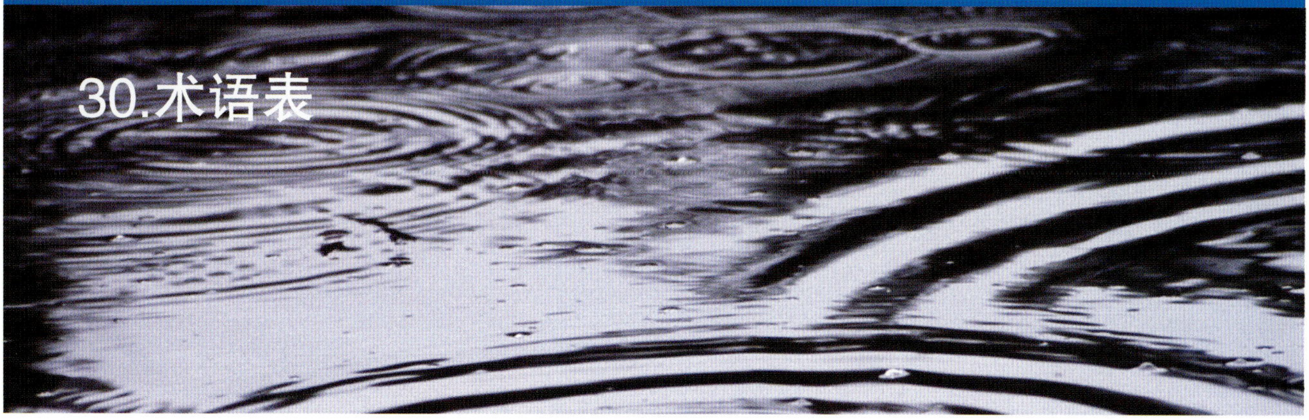

30.术语表

本书中提及的众多文件都提供了内容权威可靠的术语表供读者参考。下面则列出了本书中出现频率较高的术语。另外，也可以通过以下网站链接获取各种实用的术语表，其中欧盟环境署网站上的术语表应该是最为齐全的。

欧盟环境署——环境术语与资源探索服务（ETDS）：

http://glossary.eea.europa.eu/

水研究基金会（FWR）——《水框架指令》术语表：

http://www.esawadi.eu/IMG/pdf/1-3_Glossary_WFD.pdf

联合国环境项目——环境术语与缩略语汇编：

http://www.nyo.unep.org/action/ap1.htm

英国环境、食品和农村事务部（Defra）——环境许可——指南、术语表以及指南操作守则一览表（第3.2版）：

http://archive.defra.gov.uk/environment/policy/permits/documents/ep2010guidelist.pdf

《奥胡斯公约》：联合国欧洲经济委员会（UNECE）有关获取信息、公众参与决策及环境问题诉讼的公约（即《奥胡斯公约》），于2001年生效。该公约的主要内容是：

- 每个人都有权利获得公共机构所掌握的环境信息（获取环境信息）；
- 每个人都有权利参与环境决策（环境决策的公众参与）；
- 每个人都有权利审查工作程序，对于不尊重上述两项权利或违背环境法律的公共决策提出质疑（司法诉讼）。

人工水体（AWB）：不连续但非常重要的人造水体或人造水体的一部分，能够维持或支持水生生态系统。包括管道、码头和人工水库。

含水层：能够使水在其中运动、储存的多孔岩石结构。含水层可以很浅，仅位于地下若干米，也可以深入地下数百米。

沿海水域：海岸线近陆地表水部分。沿海水域的每一点与基线（测量领海宽度的基底线）最近点之间的近海距离都是1海里（1海里=1 852 m），并在恰当的地方延伸到过渡水区的外缘。

参数/欲测物：水体中可通过直接/间接的方式在样品中检出的成分或属性。

面源：主要涉及来自城市住所的化粪池的，以及由工业、市政、农业废弃物扩散面积不断增大而导致的城市径流、大气排放以及与各种土地利用（如农业用地、林业用地等）相关的其他排放。

生态状况：生态状况是一种表征水生生态系统的结构与功能发挥的方式。符合《水框架指令》要求的水体被看做具有良好生态状况的水体。

排放限值：某种物质在一个或多个时间段内不得超过的总量，通常以浓度或等级表示。

排放限制：对需要符合特定排放限值的排放活动（点源）所做出的限制。

环境目标：指令第4章规定的目标。目标包括水体保护、实现良好的生态状况和指令的其他环境要求。

环境质量标准：为了保护人类健康和环境，对水体、沉积物或生物群落中的特定污染物限定不能超过的浓度标准。

欧盟：欧洲联盟（欧盟）是一个由27个成员国组成的政治经济同盟组织，成员国主要位于欧洲。

欧洲环境法律法规：构成欧盟环境法（共约200条指令）主体的各种法律法规、法令与法庭决议。

良好状况：一个形容地表水体在其生态状况与化学状况至少为良好时，或地下水在其数量状况与化学状况至少为良好时，所达到的状况的通用术语。

良好地表水状况：生态状况与化学状况都至少为良好的地表水体被视为处于良好状况。

地表水的良好化学状况：水体中污染物的浓度不超过《水框架指令》与其附属指令所规定的环境限值。

良好地下水状况：数量状况与化学状况都为良好的地下水体所达到的总体状况即良好地下水状况。

地下水：位于土壤饱和带以下并与地面或底土直接接触的所有水体。饱和层通常是含水层，这里的含水层是多孔性与渗透性较好的地下层、岩土层或其他地质层并可因此实现明显的地下水流动或地下水抽取。

水文学的：与水有关的。

水文循环（有时被称为水循环）：水分从大气到陆地（降雨）然后通过河流、湖泊与地下水流入海洋最后经过蒸发返回大气的运动过程。

IMPEL：欧盟环境法执行与实施网络（IMPEL）是一个由欧盟成员国环保机关、准入国、候选国以及挪威组成的网络。它为政策制定者、环境审查者和执法者提供了一个用于交流的框架，促进执行体制的发展，达到最佳实践效果。

内陆水：陆地表面的所有静水与流动水（如水库、湖泊、河流与水渠）以及测量领海宽度的基线近陆侧的所有地下水。

湖泊：一种存在于陆地表面的水体，可以是人工的，也可以是天然的。

成员国：欧盟的成员且受水框架指令约束的国家。其他主权国家为了与欧盟（EU）合作，可选择遵守该指令但不受法律约束。与中国的省有某些相似之处。

成果：欧洲社会所要求的流域内的整体环境、经济或社会条件。包括：良好的水环境；适于饮用取水和使用的水；养鱼场；娱乐性使用等。这些成果也会给人类、可持续经济使用和健康生态系统创造健康环境。

许可：对某种有可能造成污染的活动进行法律限制。

点（污染）源：主要是人口集中点的市政废水处理厂的排放物，或者工业排放物。

污染者付费原则：是一项载入《水框架指令》的原则，该原则要求水环境污染者在公平标价政策下付费。

污染：向环境中排放的、导致各种有害影响的物质或能量，其中有害影响的本质包括危及人类健康、损害生活资源与生态系统、影响或干扰人类正常生活以及影响或干扰其他合理使用环境行为。（参阅《水框架指令》和《综合污染预防与控制指令》第八章的定义与讨论）。

降雨：水以雨、雪、冰雹的方式从大气降落到地面的现象。

胁迫：有可能对水环境造成负面影响的人类活动，如取水、废水排放或工程。

措施计划：详细定义了某一流域地区为达到指令规定的环境目标所需的行动。

数量状况：一种表示地下水体受直接取水与间接取水的影响程度的方式。若数量状况符合《水框架指令》的要求，则为良好状况。

参考条件：衡量人类活动对地表水生态系统影响的基准，公布在有关的分类方案中。

受监管的：通过法律的实施而受到控制的，这种控制可以是直接的（如禁令），也可以是拥有并遵守监管机构颁发的某项许可或授权。

监管：落实对某项活动的法律约束，以确保实现某个确定的目标（如保护水质）。可根据危险性使用各个范围的文件（从禁令到建议）进行监管。水质监管通常涉及环境质量标准、许可证/授权、豁免/

一般约束性规定中的至少一种。

河流：一种内陆水体，这种水体的大部分流经陆地表面，但其某部分河道也可能在地下流动。高地河流通常流速较快，低地河流通常则流速较慢，蜿蜒而流。

流域：有时也称河流集水区。“流域”是所有地表径流通过在单一河口、河口湾或三角洲入海的一连串的溪流、江河和间或湖泊所流经过的陆地区域。

流域地区：某个河流集水区或若干个集水区。

流域管理计划：一份内容详尽的文件，文件描述了流域特征、需实现的环境目标以及为达到这些目标而根据特定工作计划需要采取的限排措施。

地表水：除地下水外的内陆水。地表水位于陆地表面（如水库、湖泊、河流、过渡水区、沿海水域等，某些情况下还包括领海），处于流域之中。

可持续的：既能满足当代人的需求，又不损害后代满足其自身需求的能力。

过渡水区：河口（河口湾）附近的地表水体。由于靠近沿海水域，过渡水区的水含有一定程度的盐分，但基本受淡水流的影响。

水体：河流、湖泊或水库等地表水的独立元素，或含水层中地下水的确切含量。流域规划过程的基本构建基块。它描述了环境目标应该适用的亚单元。水体的大小由最佳管理单元和受影响的水的变化性决定。

水资源保护：任何可以减少水损耗量、使用量、排放量的有益行为，或保持、提高水质的行为。

水资源：水质与水量的综合，在特定情况下这两者中的任一者甚至两者都有限定意义。

水安全：在由洪涝、干旱、污染等引起的、具有可接受风险程度的破坏行为下，确保一定数量的人口可继续使用饮用水、灌溉用水与工业用水的能力。

水策略：分析水问题及其解决方案的制度或技术，从而制订出在确定的时间范围内与其他资源相协调的执行方案。

水位：含水层中的饱和层的顶端。

附录——欧盟成员国的监管手段范例和制度性协议

摘录自IMPEL《环境监察工具书》（1999）第二部分。

在所有的成员国中，环境部（或对等机构）是环境立法的主要部门。在许多成员国中，其他部委或局主管其他某些行业。成员国已经制定了不同的许可证立法方法。各国可能对不同的环境媒介（水、空气、废弃物等）进行单独立法，也可能采取综合许可证制度，用一部法律协调所有的许可证，甚至还可能采取综合污染控制法，用单一许可证处理所有环境媒介中的排放物。

欧盟法律的主体相当广泛，涵盖了下列主要方面：

I.水

II.空气污染控制

III.废弃物

IV.有害物质：化学品

V.噪声

……

欧盟成员国的法律和许可证制度框架

遵守环境法律法规，除其他方式外，还可以通过公共法律的强制执行来实现，可以分为行政法、刑法和私法强制执行。大多数欧盟成员国使用这三种法律分类。

环境监察人员主要使用行政法执行工具。要想如此，环境监察人员须是执行环境行政规定的行政系统的一部分。

行政法

行政法的实施是政府机构管理（非）政府机构、公司或普通民众的首选工具。一般情况下，环境监察人员使用行政法规解释公司未守法的原因。主管当局官员可拥有下列行政执法权来行使监督权：

- 要求检查并取得账本和其他业务记录的副本；
- 停止运输工具并检查货物；
- 进入所有有设备的地方（私人住宅除外）；
- 进入建筑物时安排其他人员陪同；
- 列货物清单，检查和取样；

- 检查生产工序和排放物。

可采用以下行政处罚措施：

- 强制执行：即由违法者对损害采取补救措施；
- 罚款：是当个人/公司违反规定时采用的处罚，违法者根据违法行为持续时间或根据违法行为付费，即全额罚款或环境履约保证金（注意不是所有成员国都采取罚款措施）；
- 变更许可证或豁免权；
- （部分）取消许可证或豁免权；
- 下发正式信函或通知要求违法者采取补救行动。

下表列举行政法执行措施及其适用环境。

行政法执行框架

行政法执行措施	适用环境
强制措施（通知、信函、指令、建议等）	• 需结束违法行为 • 要违法者采取补救行动
罚金	• 促使违法行为改正
撤销许可证	• 当许可证持有者违背许可条件时，立即撤销其许可证或一段时间以后撤销其许可证，以便违反者有时间结束不遵守许可证条件的行为 • 法庭判决以后

规定必须是可以做到的，不能要求不可能做到的事。如有必要，也可通过法律途径解决。执法活动必须透明。在强制执行系统的情况下，后续程序可能会使用到刑法。

刑法

在大多数欧盟成员国中，刑法是可以使用的另一个工具，多数在检察官得知违法行为存在时使用。检察官将决定是否提起公诉。在这个阶段，当地政府或环境机构，包括环境监察人员没有决定权。因此，参考书对刑法不做讨论。下表为刑法执行框架。

法律体系实例

不同成员国采用不同的法律体系。例如，审查员可能在某些方面影响检察官决定是否决定提起公诉。在少数成员国中，审查员还可能使用私法体系。

刑法执行框架

刑法执行措施	适用环境
处罚	• 需结束违法行为（执行行政法以后）
监禁	• 当发生持续的、反复的和（或）严重的违法行为时的处罚

奥地利

在奥地利，行政法是实现环境监管的首要工具。公司需根据不同类型工业活动的特点依据工业法、水法或废弃物法取得许可证。然后，相关机构签发许可证并进行检查。奥地利没有专门的检查机构。在发生违规行为时，可采用各种不同的处罚方式，例如，根据违规行为的严重程度要求在规定时间内恢复原始状态、处以罚金、关闭或部分关闭排放设施。

刑法是次要工具。它与行政法并列使用。检察官在得知有严重环境污染事件发生时使用刑法。该信息可来自于邻里社区、公众、警察、主管部门或任何人。根据污染事故的严重程度，可采取处罚或监禁。

……

丹麦

环境保护的主要法律是《环境保护法》，于1973年起草，1991年最后一次修订，1997年进行整理。《环境保护法》建立了综合许可证制度来控制向空气、水和土壤的排放。它适用于所有排放企业，通过指令和指导文件加以补充。

许可证体系根据活动的类型和性质分为三个等级：

- 复杂度最高的活动要求通过法庭取得许可证；
- 复杂度较低的活动要求通过市政当局取得许可证；
- 复杂度最低的活动必须向市政当局报告他们的活动情况。

许多相似的工厂（动物养殖场、维修车间等）根据特定的分厂法令进行监管。

……

许可证的有效期至少8年（法律保护期限），除非出现了许可证发放时预料不到的新的环境危害，或关于污染影响的信息。

总之，在违规行为发生时，审查员拥有以下几种执法工具：

- 发送通知和正式警告；
- 禁止继续运转，如果必要，要求停止活动；
- 要求责任方恢复原始状态；
- 规定期满后，要求责任方采取指令措施。

在接到当地政府机构的报告后，警察采取执法行动。在发生涉及刑事诉讼的严重事件时，可处以罚金并可能同时处以监禁。

芬兰

芬兰的环境污染法规传统上以行业为导向，分别就水、土壤和大气制定相关法律。环境许可证规程（EPPA）于1991年4月通过，1992年生效。这些规程是迈向建立综合检查体系的第一步，即将各领域如大气、废弃物、健康和社区等的许可证规程集合在一起。水污染防治法规不包括在这些法规内，因此有两个许可证体系。

环境许可证：根据EPPA颁发。该许可证涵盖了污染物进入大气的所有排放、噪声控制和固体废弃物的产生。根据EPPA和环境影响在地域上的扩展，区域环境中心和市政环境保护委员会对于复杂程度较高和复杂程度较低的工业设施分别颁发许可证。

水许可证：根据《水法》（1961）颁发。该许可证涉及水排放，其颁发视个别情况分别考虑。它由区域水法庭管理，区域水法庭负责颁发许可证并对违规事件进行处理。

……

水许可证由水法庭签发，常规而言在一段时间内有效，通常是3年至10年。由区域环境中心或市政环境保护委员会签发的环境许可证的有效期可持续到接到通知为止。如果工业设施发生变化，或者出现了许可证发放时预料不到的新的环境危害或关于污染影响的信息，则这两种许可证都必须接受审查。

在芬兰可操作层面上，13个区域环境中心和414个市政环境保护委员会还负责监督守法行为和环境执法（颁发许可证除外）。芬兰的检查体系主要依靠获得许可证的企业进行自我监测。区域环境中心和市政环境保护委员会负责监督水许可证和环境许可证的守法行为。企业必须依据水许可证条件制订一个自我监测方案计划，这个方案必须得到相关区域环境中心的认可。环境许可证规定了自我监测和报告的详细条件。区域环境中心和市政环境保护委员会也有权力进行检查。

区域环境中心和市政环境保护委员会负责对不遵守环境许可的企业下发行政指令。他们还可以要求经营者自付费用开展工作，或者当行政指令未得到执行时勒令企业停业。当某一操作具有危害风险时，公共卫生机构出面制止设备运行，除非该公司拥有环境许可证，在这种情况下，该由区域环境中心和市政环境保护委员会进行处理。

由于违背环境许可证规定导致的损害赔偿和刑事制裁必须由主管机构向最高区域法庭提出。水法庭可对违规者进行罚金处罚，但不能对其监禁。但是，水法庭的检察官可向有监禁处罚权的最高区域法庭提请判决。

法国

第一部对产生公害和风险的设备进行分类的通用法律可追溯至1810年。随后在1917年、1976年、1985年、1987年、1992年、1993年和1995年颁布的法律在很大程度上是基于这个第一部皇家法令制定的。对环境影响较小的设备必须提交一份申报材料，这份材料尤其要包括将要进行的活动类型详述。行政长官对材料的一致性进行检查，并开出收据和一份适用于活动相关级别的常规要求书。具有最高风险或复杂程度高的设备没有行政辖区的授权许可不允许运行。该许可要求必须包括影响评估和风险评估，必须考虑到大量可预见的环境影响。

法国有一份设备分级清单。它包括要求具有许可证的一级设备和要求申报的二级设备。许可证发放与检查的技术工作由工业、研究及发展区域理事会(DRIRE） 负责，工业部负责对外服务。法国有24个DRIRE，向中央政府进行汇报。在有环境问题发生时，他们向环境部进行汇报。

分级设备的审查员对设备是否符合规定的技术要求进行核实。如果接到投诉或者有意外事故发生，审查员也会进行干预。如果审查员发现该技术要求需要改进，可以向行政长官建议通过行政指令增加补充性技术要求。如果经营者未能遵守法定的有关分级设备的约束性条款，对其采取行政或刑事处罚。违法行为必须记录在由分组设备审查员或司法官员起草的官方报告中。

官方报告提交给检察官，检察官将案子提交给主管法庭：初级法庭，受理琐碎的违规行为（不遵守规定、没有申报就运营、对于经营者的变更未发表声明），或者地区刑事法庭，受理轻度不法行为（无许可证运营、违反禁令、妨碍审查员对分组设备的检查）。对违规行为，法庭可以强制要求经营者遵守规定，并处以罚款。

总之，在有违规行为发生时，可进行行政处罚和司法处罚。

审查员可通过向具有行政制裁权的高级行政长官提出建议，包括：

- 资金托管；
- 行政长官可以组织开展工作并要求污染企业报销费用；
- 高级行政长官签发命令关闭工厂；
- 司法程序包括审查员向检察官提出诉讼；

……

瑞典

监督机构（CAB或EPHC）有几种执行环境法规的工具。经营者的自我监测体系是监督的重要部分。它基于反面举证责任原则成立，这已成为自1969年以来环境法律的一部分。1999年的立法改革加强了经营者的自我监测责任。对于不需要许可证的活动，监督机构可下发一个关于遵守许可证颁发规定所必需的预防措施或禁令的指令。如果许可证持有者无视许可证规定的条件，监督机构可以命令其改正行为。在下达的指令中，监督机构可对其进行罚款。如有任何人未遵守命令或无视许可证规定事件，监督机构可以要求其自付费用进行改正。监督机构可以要求所有人提交所需的信息。它还可以要求经营者对其履行监督职责所必须的活动或行动进行调查。若未发现问题，则可指定除经营者外另一个人进行调查，也可以由监督机构指派一人。工业活动的执行者必须承担调查费用。监督机构义不容辞的责任是确保违反环境法规的违法者受到法律制裁。由检察官提起公诉的案子由最高法院进行处理。